LES
ESSENCES FORESTIÈRES

DU JAPON

PAR E. DUPONT

INGÉNIEUR DES CONSTRUCTIONS NAVALES

PARIS
BERGER-LEVRAULT ET Cⁱᵉ
Éditeurs de la Revue maritime et coloniale et de l'Annuaire de la Marine

5, RUE DES BEAUX-ARTS, 5

MÊME MAISON A NANCY

—

1880

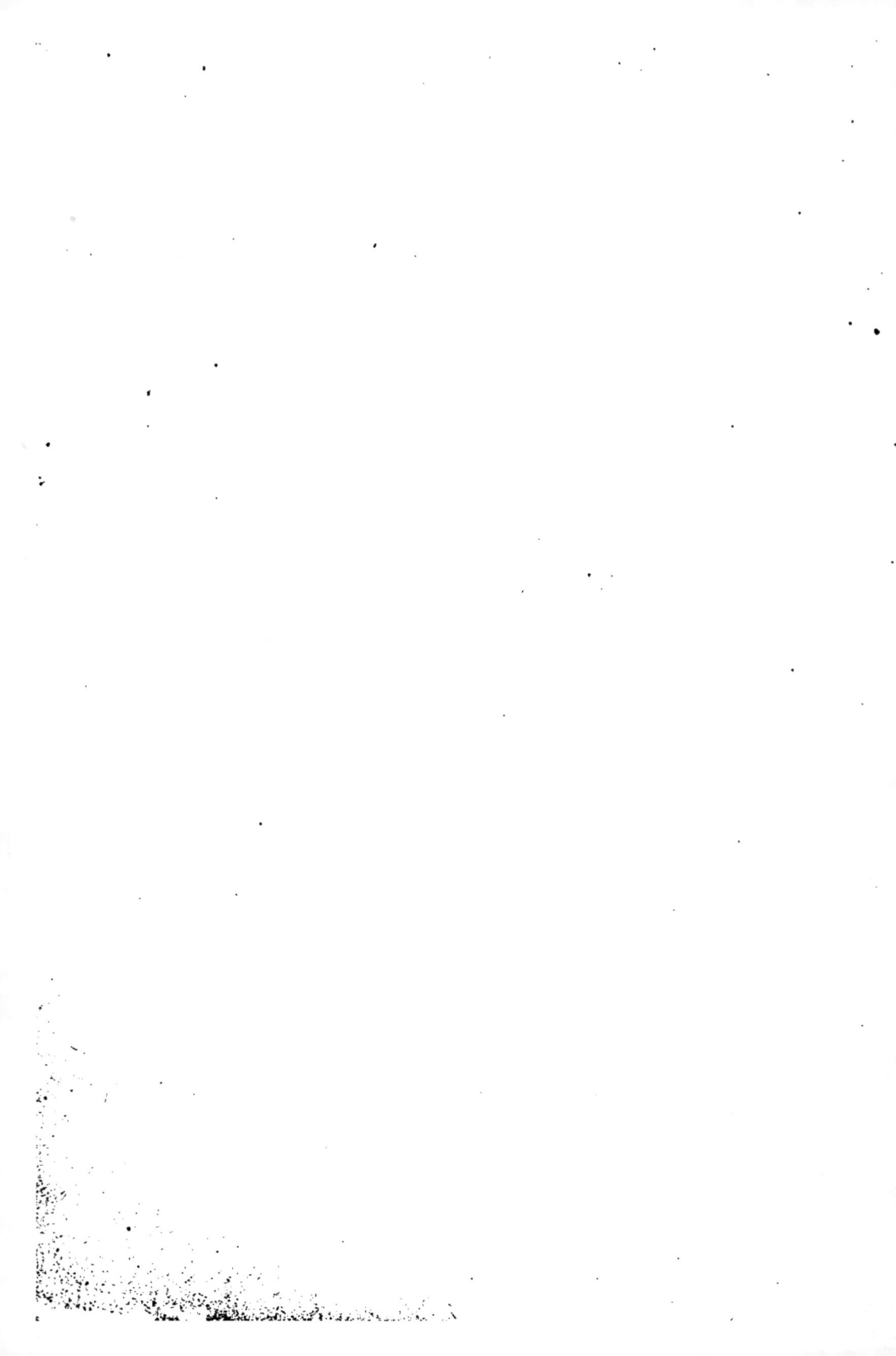

LES
ESSENCES FORESTIÈRES
DU JAPON

PAR E. DUPONT
INGÉNIEUR DES CONSTRUCTIONS NAVALES

～◦⌒◦～

PARIS

BERGER-LEVRAULT ET Cⁱᵉ

Éditeurs de la Revue maritime et coloniale et de l'Annuaire de la Marine

5, RUE DES BEAUX-ARTS, 5

MÊME MAISON A NANCY

—

1879

(Extrait de la *Revue maritime et coloniale*.)

AVERTISSEMENT DE L'AUTEUR

Les horticulteurs européens ont recherché de tout temps les végétaux japonais, principalement les arbustes et les menues plantes d'ornement, ils en ont acclimaté un grand nombre, mais les essences forestières ont été relativement négligées, on connaît même assez peu en Europe leurs conditions d'existence et leurs qualités. Nous avons été maintes fois priés de publier les observations que nous avons faites à leur sujet pendant nos longues excursions dans les forêts japonaises, la crainte de commettre quelque erreur dans la désignation botanique des essences nous a fait résister quelque temps à ces démarches, finalement nous avons cédé espérant que le lecteur nous pardonnerait les fautes qui ont pu se glisser de ce côté, malgré les précautions que nous avons prises.

Ce travail pourra servir de guide à la fois aux sylviculteurs japonais et européens. Ces derniers ne devront pas oublier que le Japon doit à sa position au milieu de l'Océan Pacifique un climat spécial qui influe sur sa végétation. Il y règne une humidité continue. Le fait suivant le démontre suffisamment. Nous avions devant nos maisons, à l'arsenal d'Iokoska, des bassins en ciment d'environ 0^m,80 de profondeur, ils ne recevaient aucune autre eau que celle apportée par la pluie, qui y tombait directement, cependant ils étaient presque toujours pleins, et ils ne se vidaient jamais complétement, même dans la période des grandes chaleurs, les pluies compensaient donc l'évaporation d'une manière régulière.

Le Japon se compose d'un grand nombre d'îles qui s'étendent de 46° au 32° de latitude, on y trouve par suite une échelle de température assez étendue. A l'extrême nord le sol reste couvert de neige pendant tout l'hiver, mais le thermomètre y descend peu au-dessous de 0°. A l'extrême sud le climat devient assez chaud pour permettre la culture de la canne à sucre dans quelques endroits abrités. Le climat d'Iokoska et de Yokohama est une moyenne entre ces deux limites, il rappelle celui du littoral de la partie de la Provence où prospère l'oranger ; la neige y est rare en hiver et de courte durée, le thermomètre y dépasse rarement 35° à l'ombre en été, on y cultive le bigarradier et le mandarin.

Nos caractères européens ne peuvent pas représenter fidèlement tous les sons japonais, les noms indigènes cités dans ce travail ne donnent donc que des désignations approximatives. On devra, en cas de doute, se fier au caractère japonais inscrit en regard de chaque nom botanique dans la nomenclature insérée, p. 156 et suivantes.

Cette dernière a été établie pour la plus grande partie à l'aide des renseignements qui nous ont été donnés par notre compagnon et ami le docteur Savatier.

LES

ESSENCES FORESTIÈRES DU JAPON

PREMIÈRE PARTIE.

ESSENCES RÉSINEUSES.

Considérations générales.

Les Japonais font toutes leurs habitations en bois. — Les Japonais n'ont de calcaires qu'en petites quantités et en de rares endroits, à tel point que le plus souvent ils font leur chaux avec des coquilles d'huîtres ou d'autres mollusques analogues; de plus, leurs roches sont généralement argileuses et ne résistent pas assez aux pluies et aux gelées pour pouvoir être employées comme matériaux de construction; par contre, les bois abondent dans tout le pays. Ils ont donc été conduits à construire en bois toutes leurs maisons et tous leurs monuments.

Incendies. — Il en est résulté de fréquents incendies; il n'y a pas de nuit où l'on n'en signale quelques-uns dans une grande ville, telle que Tokio. Une remarquable organisation de secours permet de s'en rendre immédiatement maître en temps ordinaire; mais quand il y a grand vent, tout incendie qui n'a pu être étouffé dès son début, se

développe avec une effrayante rapidité, franchit les rues et les canaux
les plus larges, dévore tous les quartiers placés sous le vent et ne
s'arrête qu'à la plaine ou à la mer. On estime que certains quartiers
de Tokio sont détruits en moyenne tous les trois ans.

Nécessité de construire avec les échantillons minima. — Les populations d'Europe et d'Amérique, situées dans des conditions aussi défa-
vorables, combattent ces inconvénients en couvrant leurs maisons en
tuiles, en protégeant leurs façades à l'aide de briques, d'enduits ou de
pisé, etc. Les Japonais, au contraire, se résignent à subir ce mal; ils
négligent et dédaignent les moyens préventifs et ne s'attachent qu'à
réduire leurs pertes au minimum. A cet effet, ils mettent leurs marchandises dans des *kouras* incombustibles, complétement recouverts
d'un épais pisé, très-soigné, et réduisent leurs maisons ainsi que leurs
mobiliers à la plus extrême simplicité possible. Les montants de leurs
façades et les pièces principales de leurs toitures sont des billons
(*martas*) à peine équarris, de 18, 15 et même 12 centimètres seulement de diamètre; leurs cloisons fixes sont en planches de 12 et
plus souvent de 9 ou de 6 millimètres d'épaisseur, quelques-unes
sont en pisé appliqué sur un treillis de petits bambous; ils multiplient, d'ailleurs, autant que possible, les cloisons en châssis mobiles,
lesquelles sont formées de cadres en bois léger recouverts de simples
feuilles de papier; leurs planchers sont des nattes reposant sur des
planches non clouées; enfin, leurs toitures sont en chaume ou en
planchettes de bois superposées comme des tuiles. Si on ajoute à cela
que les habitants n'ont presque aucun meuble, on comprend que toute
maison menacée ou atteinte par le feu puisse être démolie en quelques
instants et que ses matériaux ne constituent jamais un foyer bien
dangereux.

Les habitations des riches marchands, des principaux officiers, des
princes et du souverain lui-même sont construites suivant les mêmes
principes, mais sont assez souvent couvertes en tuiles; cependant, le
palais du mikado à Kioto est couvert en lames de bois de hinoki.

L'emploi de bois de très-faible échantillon a rendu, en outre, la re-
construction des maisons aussi prompte et aussi peu coûteuse que
possible. Actuellement, elles sont faites sur un nombre de types très-
restreint, dont les marchands de bois ont les éléments tout préparés
en approvisionnement; un quartier est, le plus souvent, reconstruit
quinze jours après avoir été brûlé. Du reste, le soir même de l'incendie

on trouve déjà quelques maisons rétablies et habitées au milieu des débris encore fumants.

Avantages des bois résineux dans la construction des maisons. — Les Japonais n'emploient que des bois résineux dans la construction de leurs maisons. Ces essences poussent vite, flottent facilement, arrivent à bon compte aux lieux d'emploi, se travaillent à peu de frais, peuvent se débiter en planches plus minces que les bois feuillus, jouent peu avec les variations hydrométriques et, enfin, sont hydrofuges. Cette dernière qualité est des plus précieuses dans un pays où l'on n'emploie ni peinture, ni vernis, et où des pluies incessantes imposent, pendant certaines saisons, l'obligation de prendre contre l'humidité toutes les précautions possibles.

Les Européens ont introduit, depuis quelques années, l'usage des briques. On a commencé à les employer dans la construction de divers édifices publics et dans celles d'un quartier marchand de Tokio ; mais leur haut prix et la crainte des tremblements de terre ont fait conserver, comme par le passé, le cadre de la maison, en bois, et n'employer la brique que comme remplissage. Ce système de construction mixte a notablement diminué les chances d'incendies, mais il n'a pas pu retarder la décomposition des pièces de charpente. Les constructions japonaises sont parfaitement aérées ; il suffit que leurs toitures soient bien étanches et qu'elles aient assez de saillie pour protéger les soubassements contre la pluie et le soleil, comme cela a lieu dans les temples, pour qu'elles durent facilement plusieurs siècles. Les bois résineux paraissent donc appelés à rester, dans l'avenir, les principaux matériaux de construction du pays.

Emploi des résineux pour les ponts, les traverses de chemins de fer et la fabrication du matériel de la vie domestique. — Ce sont encore eux qu'on emploie pour faire la tonnellerie, le barillage, les emballages, les meubles, les ustensiles de ménage et tout ce qui constitue le matériel de la vie japonaise. Celui des riches ne se distingue, le plus souvent, de celui du pauvre que par l'essence du bois, la finesse du grain et le fini du travail. Les mikados eux-mêmes donnaient, à cet égard, l'exemple de la simplicité en construisant leurs palais en bois de hinoki et en n'y admettant que des ustensiles de cette essence. Il faut observer, d'ailleurs, que ce matériel en bois blanc, n'ayant ni vernis ni peinture, satisfait réellement la vue quand il est d'une propreté irréprochable ; qu'en outre il nécessite des dépenses de fabrication et d'entretien dont l'esprit se rend instinctivement compte et qui font ressortir un caractère de luxe sous l'apparence d'une extrême simplicité.

L'engouement des Japonais pour les résineux est tel qu'ils les emploient pour les piles et les tabliers de leurs plus grands ponts et même pour les traverses de leurs chemins de fer. Ils persévèrent dans cet usage malgré le peu de durée qu'ils ont obtenu.

Cas exceptionnels où l'on emploie les bois feuillus. — Ils n'emploient les bois feuillus que pour la confection d'objets exigeant des qualités particulières : par exemple, pour les lances, les arcs, les flèches, les portes de citadelles, les charrues, les avirons, les essieux en bois pour voitures, les bâtons servant à transporter les fardeaux à dos d'homme, etc., qui exigent de la résistance et de la raideur; de même pour les planchettes en bois (*guettas*) servant de chaussures, qui demandent une grande légèreté; enfin, pour certains coffrets et meubles de luxe, qui doivent tirer leur effet décoratif de la veine du bois.

L'introduction des mœurs et des idées européennes a un peu augmenté la consommation des bois feuillus; le matériel de la marine, celui de la guerre et le matériel roulant des chemins de fer ont été faits avec des matériaux choisis selon nos principes. D'un autre côté, les Japonais ont apprécié nos vernis, parce que leur usage permet de conserver l'aspect de la veine et de la finesse du grain, auxquels ils attachent une grande importance. Cela favorisera le développement de l'emploi des bois feuillus pour la décoration, mais cela n'entraîne actuellement que de très-faibles consommations de ces essences. On peut donc poser, comme règle générale, que *les résineux sont les seuls bois de travail employés au Japon.*

Comment on assure sur place les besoins de chaque localité en résineux. — Les localités situées sur les rivières peuvent recevoir, par flottage, les produits du bassin supérieur, celles du littoral reçoivent par bateau les envois faits par mer; le reste de la contrée doit assurer ses besoins *sur place,* parce que les transports par terre reviennent à des prix extraordinairement élevés. Il y avait là une difficulté que la nature du pays a permis de résoudre.

Les plaines et les collines du littoral sont formées de sables qui deviennent de plus en plus argileux quand on avance vers l'intérieur, et qui font place d'abord aux argiles grasses, puis aux roches argileuses; ces dernières sont fréquemment traversées par des roches granitiques généralement très-friables ; elles reparaissent après les granits ; parfois de hauts plateaux sablonneux couronnent le tout.

Les pins (en japonais : *matsou* ou *mats'*) règnent presque seuls dans la région des sables ; ils y poussent avec une étonnante vigueur. Sur le littoral, ils sont représentés par le *kouromatsou* (*P. Massoniana*) ; au-dessus est l'étage de l'*akamatsou* (*P. densiflora*), qui lui succède sans interruption et qui est remplacé à son tour par l'*imekomatsou* (*P. parviflora*) et par le *goyonomatsou* (*P. koraiensis*). Les pins dominent toutes les autres essences partout où les sables sont maigres, principalement dans les régions inférieures. Dès que le sol commence à devenir légèrement argileux, le *kouri* (*Castanea japonica*) apparaît associé aux pins ; un peu plus loin, le *keaki* (*Planera japonica*), les différents chênes blancs (*Nara*), puis diverses essences feuillues, éliminent progressivement les matsou, si bien que ceux-ci disparaissent totalement avant d'atteindre la région des argiles pures. La région des sables est donc facilement approvisionnée. Quelques localités de cette région semblent, il est vrai, déshéritées, parce que les pins y restent chétifs ; mais en y regardant de près, on en trouve toujours la cause dans les émondages, débroussaillements, récoltes d'herbes et de feuilles, incendies et autres sévices analogues pratiqués sur une immense échelle. *Ici la végétation est vigoureuse, il n'y a que des actes graves et continus qui puissent l'entraver.*

La région des roches argileuses est riche en sapins (*Momi*), dès qu'elle dépasse 300 mètres d'altitude. Elle n'a pas cette ressource près du littoral, mais elle est dans ce cas entrecoupée par des éboulis, occupant les flancs des vallées, qui sont alors cultivés en futaies de segni (*Cryptomeria japonica*).

Les terrains granitiques ont le plus souvent une végétation résineuse luxuriante, d'autant plus qu'ils sont toujours dans les altitudes élevées. On y trouve les hinoki, sawara, maki, kooyamaki, akeki, etc. On y rencontre fréquemment aussi des akamatsou au milieu des sables produits par la décomposition des granits. D'ailleurs, la population de ces contrées est toujours très-faible ; ses besoins sont donc largement assurés.

Il n'y a, en réalité, d'embarras que pour la région des sables fortement argileux, pour celle des argiles proprement dites et pour celle des roches d'argile compacte des très-faibles altitudes, qui toutes trois sont envahies par les essences feuillues. C'est là seulement que la main de l'homme doit intervenir, partout ailleurs le sol produit de lui-même les résineux nécessaires. Les habitants de ces contrées relativement moins bien favorisées font des plantations de *segni* (*Cryptomeria japonica*), conifère que les voyageurs appellent souvent le *cèdre du Japon*. Ces arbres croissent très-vite, en futaie très-serrée; ils donnent par hectare un produit beaucoup plus considérable que toute autre essence; ils forment enfin une épaisse couche d'humus, qu'on met d'ordinaire en culture aussitôt après l'exploitation de la futaie. Parfois aussi on y plante des *matsou*, qui se développent assez bien, même dans les terrains où ils ne se reproduisent pas spontanément; mais il est nécessaire, dans ce cas, de les planter sur les sommets des collines. Ainsi, grâce aux qualités des segni et des matsou, chaque localité de ces régions moins favorisées peut également avoir son approvisionnement de résineux assuré à sa proximité.

Proportion des diverses essences. — La répartition des essences dans les forêts du Gouvernement (Yéso non compris) peut être évaluée ainsi qu'il suit :

Bois de travail résineux..................	35
— — feuillus..................	5
Bois feuillus pour chauffage..............	60
Total..........	100

On peut admettre approximativement les mêmes chiffres pour l'ensemble des autres forêts du pays.

Proportion des diverses essences résineuses. — La proportion des diverses essences résineuses est à peu près la suivante :

RÉPARTITION.

Répartition des essences résineuses.

		DANS LES FORÊTS DU GOUVERNEMENT.	DANS L'ENSEMBLE DU PAYS.
GROUPE DES MATSOU.	Kouromatsou (*P. Massoniana*) . .	0,200	0,25
	Akamatsou (*P. densiflora*. . . .	0,074	0,25
	Imekomatsou (*P. parviflora*) . .	0,004 } 0,280	} 0,50
	Goyonomatsou (*P. koraiensis*). .	0,002	
GROUPE DES MOMI.	Momi (*Abies firma*).	0,100	
	Tsouga (*Abies Tsouga*)	0,140	
	Tohi (*A. Alcoquiana*).	0,012	
	Sirabi [*A. Veitchii* (?)]	0,007 } 0,160	0,20 } 0,20
	Toga-Momi [*A. polita*(?)]	»	
	Chiromatsou [*A. Iesoensis*(?)] . .	»	
GROUPE DES HINOKI.	Hinoki (*Retinospora obtusa*) . .	0,220 } 0,300	0,06 } 0,06
	Sawara (*R. pisifera*)	0,080	
SEGNI.	Segni (*Cryptomeria japonica*). .	0,080 | 0,080	0,20 | 0,20
RÉSINEUX DIVERS.	Biakouchin [*Juniperus sinensis*(?)].	0,048	
	Karamatsou (*Larix leptolepis*) . .	0,010	
	Ko-oya-maki (*Skiadopitys verticillata*).	0,007	
	Akeki (*Thuiopsis dolobrata*). . .	0,007	
	Araragni [*Taxus baccata*(?)]. . .	0,002	
	Kourohi ou Kourobi	0,002	
	Tohisô.	0,002	
	Nezou [*Juniperus rigida*(?)]. . .	0,001	
	Mématsou		
	Akehi	} 0,080	0,04 } 0,04
	Kothi		
	Maki (*Podocarpus macrophylla*). .		
	Azoussa		
	Othibamatsou . . . . } 0,001		
	Bodomatsou		
	Todomatsou		
	Káya (*Torreya nucifera*)		
	Hiyo.		
	Kachiwa.		

Les chiffres relatifs aux forêts du Gouvernement donnent un aperçu assez exact de la végétation des régions montagneuses ; ils sont extraits des documents officiels rectifiés d'après nos propres observations. Nous en avons déduit, à l'aide d'une estimation grossière, les chiffres relatifs à l'ensemble du pays, en tenant compte du littoral, où les matsou et les segni règnent seuls à l'exclusion des autres résineux.

Il n'a été tenu aucun compte de l'île d'Yéso, que nous n'avons pas visitée et sur laquelle nous n'avons pas de données suffisantes.

Résistance des bois résineux. — On trouvera à la fin de ce travail les résultats des épreuves de rupture faites à l'arsenal d'Iokoska sur les principales essences forestières, en suivant exactement le mode d'opérer en usage à l'arsenal de Toulon, ce qui rend les résultats tout à fait comparables. Chaque barreau d'épreuve était resté une année à sécher après avoir été préalablement dégrossi, et avait atteint, lors de l'essai, son maximum de dessiccation naturelle.

En comparant ces résultats à ceux obtenus en France et consignés, pages 292 et 293, dans : *Les bois indigènes et étrangers* (Paris, 1875), on remarquera que les pins du Japon sont plus résistants que les pins du Canada, de la Suède, de la Pologne et des Alpes ; ils le sont moins, d'une manière absolue, que les Laricio de Corse, mais ils le sont plus à poids égal ; ils ne sont inférieurs qu'aux pins de la Caroline et des Florides, ils s'en rapprochent même assez à poids égal.

L'avantage est bien plus marqué pour les sapins.

Il y a lieu surtout de remarquer la grande résistance des hinoki et leur légèreté spécifique. A poids égal, ils l'emportent de 40 p. 100 sur les sapins des Vosges et sur les pins de Pologne ; ils surpassent même de 9 p. 100 les pins des Florides.

Les bois feuillus donnent lieu à des remarques analogues. On peut donc dire que les bois du Japon tiennent un des premiers rangs dans l'échelle des qualités ; c'est un résultat qu'ils doivent à la chaleur du climat, à la vigueur et à la régularité de la végétation, qui n'est jamais arrêtée par la plus petite sécheresse. Ils lui doivent également d'être à l'abri de ces inégalités, dans les tissus d'une même couche annuelle, qui donnent aux pins des Florides une regrettable tendance à la roulure. Enfin, les bois du Japon sont remarquablement sains, les vices y restent localisés même sur les arbres âgés ; il n'en est pas de même des bois d'Yéso, dont les spécimens nous ont paru au contraire plus gras et plus viciés que les essences similaires du nord de la France.

Ayant établi ces considérations générales, nous allons examiner successivement les principales espèces.

1° GROUPE DES MATSOU.

Kouromatsou (P. *Massoniana.*) — Les Japonais donnent le nom général de matsou à leurs différents pins.

Leurs pins à deux feuilles sont le kouromatsou et l'akamatsou ; tous deux se rattachent au pin d'Autriche (*P. Austriaca*).

Le kouromatsou (littéralement : *pin noir*) est ainsi nommé parce que son écorce a une nuance grise, foncée, uniforme du sommet de l'arbre au pied ; tandis que sur les arbres âgés, l'akamatsou (littéralement : *pin rouge*) a l'écorce de ses branches et celle de la partie supérieure de sa tige d'un rouge fauve caractéristique, le quart inférieur de son fût porte seul la nuance grise du kouromatsou.

Certains botanistes distinguent deux espèces différentes de kouromatsou : l'une serait le *P. Massoniana*, l'autre le *P. Thunbergii*. Il y a en effet dans Kiousiou une variété de kouromatsou au feuillage plus clair que l'espèce commune, ayant aussi un port un peu différent et remarquable surtout par l'abondance de ces loupes, surmontées chacune d'un bouquet de feuilles vertes foncées, très-serrées, que les Japonais nomment *Tengounosou* (bouquets de fée) et que quelques-uns considèrent comme des divinités ; mais la différence d'espèce n'est pas suffisamment démontrée. Alors même qu'il y aurait deux variétés réellement distinctes, elles ont entre elles une telle analogie qu'on peut les confondre au point de vue de la culture et des qualités ligneuses. D'autres personnes, au contraire, ne veulent voir dans les kouromatsou et les akamatsou que de simples *P. Pinaster*; mais ces deux essences diffèrent tellement l'une de l'autre que nous ne pouvons pas les confondre.

Les kouromatsou recherchent de préférence les sables légers et profonds du littoral ; ils s'y reproduisent d'eux-mêmes et y envahissent promptement les terrains abandonnés. C'est la région dans laquelle ils atteignent la plus grande dimension. Tous les voyageurs ont admiré, le long du *Tokaïdo*, ces magnifiques arbres qui, dans certains endroits, ont atteint en moyenne, à l'âge de 200 ans, 4 mètres de circonférence au pied, 20 mètres de hauteur sous branches et 35 mètres de hauteur totale.

Dans Kiousiou ils s'élèvent à plus de 300 mètres d'altitude, mais dans Nippon on ne les rencontre guère au-dessus de 150 mètres, à moins qu'ils n'aient été plantés. Ils ne sont pas signalés dans Yéso.

Ils ne viennent dans les argiles qu'autant qu'ils y ont été plantés ; ils se plaisent mieux alors sur les sommets des collines et dans les terrains analogues, qui s'assèchent d'eux-mêmes, que sur les flancs des coteaux et, *à fortiori*, dans la plaine. L'usage est de planter des sujets de deux ans, hauts de 0ᵐ,30 à 0ᵐ,40, espacés de 1ᵐ,20 en tous sens. On recommande les sujets venant de pépinière ; ceux qu'on arrache en forêt sont réputés exiger 25 ans pour atteindre la dimension que les autres obtiennent en 17. Pendant les premières années, les paysans récoltent les herbes qui poussent entre les jeunes arbres; plus tard, quand la plantation est devenue assez forte pour étouffer l'herbe, ils émondent les branches inférieures et en font du bois de chauffage ; puis vers l'âge de 15 ans, les sujets ayant atteint environ 0ᵐ,45 de circonférence au pied, ils font une première éclaircie, à moins qu'ils ne veuillent obtenir que du bois de chauffage, auquel cas ils abattent le tout. Dans les plantations destinées à fournir du bois de travail, ils font la coupe définitive quand les pieds ont atteint 0ᵐ,75 de circonférence, c'est-à-dire 15 ans après l'éclaircie. Aussitôt après, le terrain est mis en culture si la pente le permet.

Le cœur est très-chargé de résine ; il occupe les $\frac{14}{100}$ du diamètre sur les arbres de 2ᵐ,50 à 4 mètres de circonférence et les $\frac{11}{100}$ sur ceux de 1ᵐ,50 à 2 mètres. L'aubier est blanc, il s'altère aussi promptement que celui des pins sylvestres des Alpes maritimes.

Les Japonais ne gemment aucun résineux ; cependant depuis quelques années ils fabriquent pour les besoins de leur marine un peu de fort mauvais goudron, tiré du kouromatsou. En améliorant leurs procédés de fabrication, ils obtiendraient à coup sûr des produits comparables au goudron d'Amérique. Ils n'ont cherché à obtenir jusqu'à ce jour ni salins, ni potasses, ni autres produits similaires.

Les kouromatsou résistent parfaitement sur pied aux diverses causes de pourriture, telles que les bris des branches, les meurtrissures, etc., à moins qu'ils ne soient déjà très-âgés. Les arbres de 50 à 100 ans sont d'ordinaire très-sains ; les vieux arbres de 150 à 200 ans le sont encore, à moins qu'ils n'aient été étêtés ou qu'ils n'aient perdu quelques maîtresses branches.

Les bois de cette essence exposés en plein air sont fortement altérés au bout de quatre années et sont totalement pourris au bout de huit, surtout dans Kiousiou, où la température est plus élevée que dans Nippon.

Le bois en est résistant, raide, assez homogène, et n'est pas enclin à roulure. Malheureusement, cette essence ne pousse jamais droit, même en futaie, et elle a quantité de gros nœuds. Elle ne peut donc pas être comparée, comme bois de travail, au *Pinus australis*, bien qu'elle s'en rapproche comme résistance, ni même aux pins de Pologne, ni aux Laricio de Corse ; mais elle a une supériorité marquée sur les pins sylvestres de France, sur les pins à crochets et sur les pins d'Alep.

Si on l'introduisait en France, il faudrait lui donner l'exposition du midi dans une région chaude, telle que la Provence ou les Landes, et réserver l'akamatsou pour les régions du Nord. On pourrait ne pas trop se préoccuper du vent, auquel elle résiste assez bien, alors même que les sujets sont isolés et qu'ils ont été privés de leur maîtresse racine par une transplantation mal soignée.

Un fait digne de remarque est la facilité avec laquelle les racines des sujets voisins se soudent entre elles, quand les arbres se développent. Il y a à Iokoska un jeune matsou de 7 ans qui pousse très-vigoureusement, bien qu'on ait formé un véritable nœud avec sa tige. A la suite de cette opération, sa croissance a été retardée pendant environ 2 ans; actuellement il ne paraît plus s'en ressentir; il est probable que que ses tissus se sont soudés et qu'un nouveau mode de circulation de la sève s'est établi dans la partie nouée.

Les Japonais introduisent ce conifère dans presque tous leurs jardins; ils s'appliquent alors à le maintenir petit, chétif, et à lui donner des formes originales, à figurer, par exemple, un tronc en hélice portant des branches horizontales disposées comme des marches d'escalier ou une jonque portant sa voile. Ils y arrivent en prenant de jeunes sujets, en leur coupant la cime et en les plantant sur un lit de pierres jointives. Ils sont devenus maîtres dans l'art de modérer la végétation et de la diriger à leur gré. Ils produisent pour l'ornement de leurs appartements des miniatures de matsou analogues à ceux de leurs jardins et qui n'ont pas même la hauteur de la main; c'est un résultat surprenant. Ils l'obtiennent en proportionnant avec une patience étonnante les racines, les feuilles, le terrain, l'humidité, la lumière et la chaleur en raison du but qu'ils recherchent. Ils font subir le même traitement à quantité d'autres essences, notamment au karamatsou (*Larix leptolepis*).

Akamatsou (*P. densiflora*). — L'akamatsou est relativement rare dans Kiousiou; il est au contraire abondant dans Nippon et dans Yéso. A la latitude de Tokio, il commence à paraître, vers 150 mètres d'altitude, mélangé avec le kouromatsou; au-dessus, il règne seul jusque vers 750 mètres, point auquel apparaît l'imekomatsou; puis au delà, il perd de sa vigueur et disparaît vers 1,000 mètres à l'état buissonneux.

Il recherche les terres sablonneuses et l'exposition du midi. Quand il est mêlé avec le kouromatsou, il occupe toujours la partie haute du terrain, alors même que la différence de niveau est faible. Il est fort rare qu'on le plante dans les terres argileuses. Ces deux faits tendent à prouver que l'humidité du sol lui convient encore moins qu'au kouro-matsou.

Il est un peu moins courbe que ce dernier; il perd plus vite ses branches inférieures et il a une cime plus ramassée en hauteur, mais plus large. Une futaie de cette essence, dont les arbres ont 1ᵐ,30 à 1ᵐ,50 de circonférence au pied, 10 à 12 mètres de hauteur sous branches et 15 mètres de hauteur totale (ce qu'on peut obtenir dans les basses altitudes vers l'âge de 60 à 70 ans), a un excellent couvert avec 300 pieds par hectare, alors que le kouromatsou, en semblable circonstance, en supporterait facilement 400.

La région élevée qu'il habite lui impose une croissance moins rapide que celle du *P. Massoniana* et l'empêche également d'atteindre d'aussi grandes dimensions ; il est rare d'en trouver en forêt ayant plus de 2ᵐ,50 de circonférence au pied ; on en cite cependant qui auraient 4ᵐ,20.

Il souffre des grands vents, très-fréquents et très-violents dans le pays, surtout quand il n'est pas en massifs denses.

Son bois possède à peu près les mêmes qualités que celui du kouro-matsou, avec lequel on le confond d'ordinaire. Cependant il est un peu moins chargé de résine, moins dense, moins noueux et moins courbe; on trouve même dans les bonnes futaies quelques pièces droites et sans nœuds. Mais ces différences paraissent résulter bien plus des conditions dans lesquelles ces essences végètent que des qualités propres à chacune d'elles, ce qui fait qu'on trouve fréquemment des akamatsou plus denses que certains kouromatsou.

Imekomatsou (P. parviflora). — Le Japon possède deux pins à cinq feuilles, auxquels on donne souvent la désignation commune de goyo-nomatsou (littéralement : pin à cinq feuilles). Le plus répandu est le *P. parviflora*, l'autre est le *P. koraiensis.* On désigne plus spécialement ce dernier sous le nom de goyonomatsou, et on attribue le nom d'imekomatsou au premier. Tous deux se rattachent au pin Cembro, le second surtout s'en rapproche beaucoup.

L'imekomatsou ne se rencontre que dans la région des hautes montagnes; il ne forme de forêts de quelque importance que dans les provinces de Chinano, Etthiou et Rikouzen. On en trouve de petites quantités dans Mino, Kots'ké, Rikouthiou, Mikawa et Ouzen. Ces pins ne dépassent guère 1ᵐ,50 de circonférence au pied ; d'un autre côté, la difficulté de leur transport n'en permet pas une exploitation lucrative ; ils n'ont donc qu'un emploi local restreint. Les qualités de leur bois se rapprochent de celles des deux matsou précédents ; cependant on les préfère pour la confection des cuves, des pilons à décortiquer le riz, ce qui fait supposer qu'ils sont plus durs et plus homogènes. Les sujets que nous avons rencontrés poussaient vigoureusement au milieu des akamatsou, et paraissaient avoir les mêmes exigences comme nature de terrain.

Goyonomatsou (*P. koraiensis*). — Le goyonomatsou est encore plus rare : on n'en signale des quantités importantes que dans la province de Chinano ; il y en aurait, en outre, quelques petits lots dans les provinces de Rikouthiou, Etthiou et Nagato. Il est fréquemment associé à l'imekomatsou et plus petit que lui ; on en cite cependant des sujets qui auraient 3 mètres de circonférence au pied.

Ces deux essences n'ont qu'un intérêt forestier secondaire ; les renseignements qui les concernent auraient besoin d'être contrôlés.

2° GROUPE DES MOMI.

Momi (*Abies firma*). — Le nom de momi est un terme collectif applicable à tous les sapins ; la variété de sapins la plus répandue (*Abies firma*) n'a aucune dénomination particulière ; elle est le vrai momi, les autres sapins sont des momi spéciaux qu'on différencie, au besoin, les uns des autres à l'aide d'une épithète particulière.

Le momi rappelle, comme port et comme dimensions, notre sapin des Vosges. Il a les mêmes tendances, mais il est moins exigeant. On le trouve dans tout le Japon, depuis Kiousiou jusqu'à Yéso. Au sud de Kiousiou, on ne le rencontre guère au-dessous de 600 mètres d'altitude ; au centre de Nippon, il règne depuis l'altitude de 300 mètres jusqu'à celle de 1,400. Il est plus abondant à l'exposition du nord qu'à celle du midi. Il demande avant tout un abri convenable pendant sa jeunesse et un sol fracturé accessible à sa racine ; c'est pourquoi il se reproduit très-bien dans les futaies naturelles abandonnées, quelle que soit leur exposition. Du reste, *l'influence de l'exposition diminue à mesure qu'on se rapproche de l'équateur, surtout dans les pays pluvieux*, car les quantités de lumière et de chaleur que reçoivent les forêts dans les diverses expositions sont alors moins inégales. Il prospère très-bien dans les roches argileuses, même sur les pentes les plus rapides et dans les ponces volcaniques ; les sables et les granits lui conviennent moins bien.

Il est rare qu'il atteigne la rapidité de croissance de nos sapins d'Europe ; il n'y a, dans tous les cas, aucune sapinière du Japon qui ait un rendement comparable à celui que nous rencontrons en plusieurs localités du Jura et des Vosges. En outre, il atteint difficilement les dimensions courantes de nos beaux sapins du Jura ; nous en avons trouvé cependant quelques-uns mesurant 21 mètres sous branches et 2^m,90 de circonférence au pied ; mais ce sont là des exceptions dues à des circonstances locales, il serait téméraire de les prendre pour base d'un aperçu de la végétation de cette essence ; elles peuvent tout au plus indiquer que les Japonais pourraient, en prenant des soins convenables, obtenir chez eux les résultats acquis en Europe. Il conviendrait, à coup sûr, de lui appliquer le même mode de culture qu'au sapin des Vosges, attendu que le développement des deux essences suit exactement les mêmes phases. Il est bon de noter, toutefois, qu'il peut se passer plus vite de couvert ; cela peut tenir davantage, il est vrai, à la permanence de l'humidité normale du pays qu'à une propriété spéciale de l'essence.

Pour le moment, c'est un sapin complètement négligé. Son bois occupe à peu près le dernier degré de l'échelle des qualités parmi les résineux ; la partie cornée de ses couches de croissance annuelle n'a pas d'épaisseur, le reste des couches est formé par un tissu blanc, mou et spongieux ; l'ensemble n'a ni durée ni résistance ; on lui reproche, en outre, de jouer beaucoup avec les variations hygrométriques. Il faudrait, quand on emploie ce bois, en enlever l'aubier, qui se détériore promptement ; mais cette précaution n'est pas entrée dans les habitudes du pays. L'essence est dépréciée et réservée pour les usages les plus secondaires ; on n'en trouverait même pas dans le commerce, s'il n'en fallait exploiter dans certains cas pour faciliter le flottage des autres bois.

Les feuilles des sujets jeunes et vigoureux se fendent à leur extrémité et forment deux pointes ; c'est le résultat d'un excès de vigueur assez fréquent chez certains arbres et qui disparaît avec l'âge ; on trouve, par suite, un état intermédiaire où les feuilles des rameaux inférieurs sont seules fendues. Ce caractère de bifidité mal observé avait conduit Siebold à penser qu'il existait un *Abies bifida* différent de l'*Abies firma*. Il avait également signalé un *Abies homolepis* que les botanistes modernes confondent totalement avec l'*Abies firma*.

Tsouga (*A. tsuga*). — Le tsouga se rencontre à toutes les latitudes du Japon; il recherche les hautes montagnes et les terrains légers, principalement les ponces volcaniques.

Il est rare d'en trouver sur le littoral, même dans les jardins; les quelques sujets cultivés qu'on y observe sont exposés au nord et sur des terrains en pente. Au sud de Kiousiou, on le rencontre à l'exposition du nord à partir de 700 mètres d'altitude; dans certaines localités, il y est abondant à 800 mètres et y atteint 4 mètres de circonférence au pied, avec 14 mètres de hauteur de fût sous branches. Au centre de Nippon, on le trouve à l'exposition du midi, au-dessus de l'étage des momi et des bouna, à partir de 1,300 mètres; il y dépasse parfois 3 mètres de circonférence au pied et 24 mètres de hauteur totale; il décroît à mesure qu'on s'élève et devient rabougri vers 1,700 mètres.

La majeure partie des ressources du Japon dans cette essence se trouve dans les deux Kens qui constituent la province de Chinano; celui de Tsoucouma contient 60 p. 100 de l'existant total du pays; celui de Nagano en possède 20 p. 100; les 20 p. 100 restants sont distribués entre plusieurs provinces de l'empire.

Les hautes régions où cet arbre habite en rendent l'exploitation difficile, il y en a par suite fort peu dans le commerce. Cela est regrettable, car son bois est réputé de très-bonne qualité. Celui qui a été envoyé à l'arsenal d'Iokoska avait les couches de croissance assez épaisses et occupées en grande partie par une zone cornée résineuse; sa résistance aux essais de rupture a été très-remarquable, elle a dépassé celle de l'akamatsou; sa cassure était franchement fibreuse. Il provenait du bassin de la rivière Kanognawa qui se jette dans le golfe d'Odawara.

Les Japonais ont, du reste, reconnu depuis longtemps sa grande résistance; ils aiment d'ailleurs l'aspect de ses fibres, de telle sorte que, sa rareté et son haut prix aidant, ils en ont introduit l'emploi dans les maisons construites avec luxe; ils en ont fait des montants et des poutres. Ils recherchent de préférence les pièces les plus résineuses, les plus foncées, et leur donnent le nom de *akatsouga* (tsouga rouge). Ils les tirent le plus souvent de Senzousan, dans le bassin de Oïgnawa, au sud du Fonziyama; ils apprécient encore plus les tsouga de Fiouga. Ils les débitent rarement, et cela seulement pour faire quelques *rôkas* (planchers des vérandas extérieures). Cet emploi est rationnel, parce que ce bois joue peu avec les variations hygrométriques.

Dans certaines localités, on nomme cette essence *toga*, *togna* et *kourotsouga*.

Tohi (*Abies alcoquiana*). — Le tohi habite dans les régions élevées (1,000 à 1,400 mètres); on l'y rencontre associé tantôt au tsouga, tantôt au sawara et plus souvent au karamatsou. Presque toutes les ressources du Japon en cette essence se trouvent dans la province de Chinano (80 p. 100) et dans celle de Mizoussawa (15 p. 100); le complément est réparti entre Kaï, Akita, Koumagaï, Yamagatha et Rikouthiou. On le signale, en outre, dans Yéso, où il porte le nom de *todomatsou*. Les épreuves de rupture ont accusé pour son bois une grande résistance, supérieure même à celle du tsouga. Les Japonais l'emploient comme charpente et comme bois de fente, ils en fabriquent d'excellents cercles pour tamis; les habitants d'Yéso en font les mâts de leurs jonques.

Sirabi (*Abies Weitchii*). — Le sirabi est encore plus rare que le précédent, on n'en signale de peuplements que dans les provinces de Chinano et Mino; il y en a aussi un peu dans celle de Kaï. Son bois est blanc et à fibres très-homogènes; il se travaille encore plus facilement que le hinoki; il est recherché, de même que le tohi, pour faire des cercles de tamis. Il habite dans les régions élevées; M. Weitch l'a trouvé à 2,000 mètres sur le Fuziyama. On le nomme, dans quelques endroits, *sirabé*, *sirabisô*, *chirotsouka*; il y a, par contre, des localités où l'on donne le nom de sirabi au *Thuiopsis dolobrata*; ces confusions de noms sont assez fréquentes pour les essences qu'on trouve rarement dans le voisinage des villes.

3° GROUPE DES HINOKI.

Hinoki (*Retinospora obtusa*). — Le hinoki, qu'on prononce presque chinoki, est l'arbre de prédilection des Japonais; il doit la faveur dont il jouit autant aux qualités de son bois qu'à l'effet ornemental qu'il produit. La religion de Shinto le considère comme un arbre sacré; les portiques et les temples de cette secte sont construits entièrement avec ce bois à l'exclusion de toute autre essence, sans même le concours des tuiles et des métaux. Son étymologie (arbre du soleil) rappelle son caractère religieux aux fils du soleil levant.

Il pousse assez vigoureusement dans les terres profondes du littoral, pourvu qu'elles soient suffisamment argileuses, principalement dans les éboulis et dans les gorges des vallons ; mais il faut l'y planter et il ne s'y reproduit pas. Si on le laisse isolé, il pousse branchu, noueux et fréquemment courbe ou tors ; il importe donc, au point de vue de l'ornement et des qualités du bois, de le planter en groupes serrés, les différents pieds s'aident alors mutuellement. On trouve sur le littoral quelques futaies de ce genre qui prospèrent assez bien.

Quand le sol est de mauvaise qualité, on plante en quinconce, à la distance de 0ᵐ,60 d'axe en axe, de jeunes sujets de 2 ans élevés en pépinière. Un cinquième des plants en moyenne meurt la première année et doit être remplacé. On fait la première éclaircie à 10 ans, alors que les pieds ont 0ᵐ,075 de circonférence et 3ᵐ,60 de hauteur ; on en enlève un sur deux : 10 ans après, ils ont atteint 0ᵐ,15 de circonférence et 9 mètres de hauteur, on en retranche encore la moitié ; les sujets restent ainsi espacés de 2ᵐ,40 les uns des autres jusqu'à ce qu'ils aient 1 mètre de circonférence, époque à laquelle on les abat, à moins qu'on ne veuille les débiter en planches, auquel cas on se borne à faire une troisième éclaircie.

Quand, au contraire, le sol est de bonne qualité, on plante par carré à 1ᵐ,50 d'axe en axe ; on pratique la première éclaircie quand les sujets ont atteint 0ᵐ,40 à 0ᵐ,45 de circonférence et 9 mètres à 12 mètres de hauteur, ce qui arrive entre 10 et 20 ans, en moyenne à 15 ans ; la seconde éclaircie se fait 10 ans après ; à 35 ans, les hinoki placés sur bon fonds ont parfois 1ᵐ,50 de circonférence au pied et peuvent être abattus, mais il faut pour cela des conditions favorables qu'on rencontre assez rarement ; ce résultat n'est obtenu, en moyenne, que vers 40 à 50 ans.

Quelque rapide que puisse être sa végétation sur le littoral, le hinoki n'y est pas dans ses conditions naturelles. Sa région d'habitat est de peu d'étendue ; elle est comprise, il est vrai, entre 400 et 1,400 mètres d'altitude, mais l'essence est exigeante comme nature de terrain. Elle fuit le sable, elle supporte les argiles meubles et les roches argileuses fissurées, mais elle n'est réellement dans son élément qu'à la transition des argiles sédimentaires compactes aux granits de nature éruptive ; elle se plaît surtout dans les éboulis formés par ces roches sur les flancs des montagnes, à moins que ces éboulis ne soient des bancs de sable très-maigre, comme cela a lieu fréquemment dans le voisinage des granits facilement décomposables. Elle supporte d'ailleurs les pentes les plus rapides. Elle préfère l'exposition nord; on la trouve cependant quelquefois vigoureuse sur les versants sud des vallées partiellement abritées.

Le couvert est indispensable pour sa reproduction; elle ne repeuple donc pas les terrains dénudés. Les habitants ont coutume de l'exploiter par coupe totale, sans se soucier de ce que deviendra la forêt; par suite, ce n'est que dans les endroits où les broussailles et les espèces secondaires envahissent *immédiatement* le sol et constituent un couvert convenable, qu'on voit le hinoki apparaître à son tour au bout d'une dizaine d'années; l'inspection des localités semble indiquer que cette essence de choix occupait dans le passé des forêts où, à la suite d'exploitations mal dirigées, elle a été remplacée par des essences secondaires.

Ce résineux croît moins rapidement dans les latitudes élevées que sur le littoral, mais il y est mieux filé, moins branchu, plus fin, et c'est, en somme, dans sa région d'habitat qu'il atteint son maximum de qualités.

Dans une belle futaie naturelle, presque homogène, âgée de 180 ans et située sur un plateau à l'altitude de 1,000 mètres, les arbres avaient 2^m,40 de circonférence au pied, 1^m,45 de circonférence à la naissance de la première branche, celle-ci étant à 15 mètres au-dessus du sol; ils étaient associés à des nara ayant des dimensions remarquables. Dans une autre futaie, située dans des éboulis à l'entrée d'une gorge, des hinoki de 200 ans avaient atteint 2^m,80 de circonférence au pied, 1^m,90 à la seconde branche, située à 22 mètres au-dessus du sol; la première branche était à 18 mètres; l'aubier et l'écorce réunis n'avaient que 0^m,035 d'épaisseur; l'épaisseur des couches de croissance était encore de près de 0^m,002; tous ces arbres étaient parfaitement droits et sans défaut. C'est, d'ailleurs, ce qu'on peut trouver de plus beau dans les forêts du Japon.

On rencontre, il est vrai, des sujets beaucoup plus gros, isolés auprès des temples, quelques-uns ont même 4^m,50 de circonférence au pied, mais ils sont moins élancés que les arbres de futaie, n'ont pas leur rectitude parfaite, sont noueux, souvent tors, et ne peuvent être comparés aux beaux spécimens précités.

Les plus beaux sujets cultivés que nous ayons rencontrés étaient des arbres plantés, à l'altitude de 800 mètres, dans un terrain de remblai, voisin d'une futaie naturelle; ils avaient 3m,80 de circonférence au pied, 18 mètres de hauteur sous branches et 32 mètres de hauteur totale; ils faisaient encore des couches annuelles de 0m,0025 d'épaisseur.

La partie cornée de la couche de croissance de ces arbres est très-fine et peu foncée; le reste de la couche est homogène, bien lié, de nuance claire et a des reflets nacrés. Sa densité est extrêmement faible; elle est comprise entre 0,35 et 0,45, pour les pièces ayant atteint leur maximum de dessiccation naturelle. Néanmoins, sa résistance est encore assez grande; à poids égal, elle surpasse celle des autres conifères; son bois est, de plus, très-flexible.

Les Japonais l'apprécient beaucoup; ils en aiment l'aspect, surtout quand les couches annuelles ont une faible épaisseur; ils trouvent avec juste raison qu'aucun bois n'est plus doux au toucher, plus velouté et ne se laisse mieux travailler au rabot; ils ajoutent, enfin, qu'il ne joue pas avec les variations hygrométriques et qu'il ne perd pas sa résine avec le temps. C'est certainement le plus beau résineux qu'on puisse employer pour la menuiserie et l'ébénisterie. A côté de ces avantages, il faut noter qu'il cède facilement à l'action de l'ongle et de la pression; que, de plus, ses nœuds sont foncés et font un contraste désagréable avec le ton doux du bois; par suite, une pièce noueuse est sans valeur.

Il faut donc s'efforcer ici de produire des bois aussi parfaits et aussi fins que possible, de véritables bois de luxe. Les Japonais font précisément le contraire. Ils concentrent leurs efforts à créer, sur le littoral, des futaies dont chaque pied, en moyenne, ne leur donne, lors de l'exploitation, tout au plus qu'un seul billon de 1m,50 à 2 mètres de longueur et de qualité médiocre, tandis qu'ils abandonnent à elles-mêmes et souvent dévastent les forêts dans lesquelles la nature produit spontanément des bois très-beaux, qu'il serait facile de perfectionner encore à l'aide d'un régime de culture approprié. Quand on soumettra ces forêts naturelles à un traitement rationnel, on augmentera leur rendement dans une telle mesure qu'on pourra rendre à la culture les terrains actuellement occupés par les futaies du littoral et fournir des bois de luxe pour l'exportation.

La répartition de cette essence dans les forêts naturelles de l'État est à peu près la suivante :

Chinano et Hida (*ken de Tsoucouma*) . . .	0,42	Bassin supérieur de Kisso-
Mino	0,17	gnawa et de Hidagnawa.
Moutsou	0,30	
Chinano (*ken de Nagano*)	0,03	
Omi	0,03	
Rikouthiou	0,03	
Provinces diverses	0,01	
Total	1,00	

Ce n'est que dans le bassin supérieur de Kissognawa et de Hidagnawa qu'on trouve des hinoki de très-belles dimensions; c'est donc là qu'il faut améliorer le régime de culture.

Le hinoki sert à la construction des temples, des monuments et des maisons particulières luxueuses; on en fait les montants et les diverses pièces de charpente apparentes; on l'emploie également pour fabriquer la menuiserie, les meubles, les boîtes, le barillage et les menus ustensiles soignés. On ne le vernit pas afin de conserver apparente la finesse du bois, qui en est la qualité la plus appréciée.

Son écorce est épaisse et produit chaque année une couche libérienne d'environ un demi-millimètre d'épaisseur. Les 12 ou 15 premières couches en contact avec le tronc forment une zone blanche, fortement chargée de résine, de $0^m,005$ à $0^m,010$ d'épaisseur totale, et constituent une sorte d'aubier cortical qu'il importe de respecter. La partie extérieure de l'écorce est formée, au contraire, de fibres mortes qu'on peut enlever sans que l'arbre souffre.

L'opération se pratique en faisant des traits circulaires normaux à l'axe, distants d'environ 1 mètre, déterminant un cylindre qu'on ouvre suivant une génératrice et qu'on détache facilement de l'arbre; on obtient ainsi des feuilles qu'on utilise pour former les couvertures des maisons pauvres, ou qu'on désagrège en filaments dont on fabrique de l'étoupe et des cordages. L'écorce, levée au printemps, doit séjourner quelques jours dans l'eau pour perdre sa sève, autrement les insectes l'attaquent promptement; cette précaution est inutile quand on la lève en automne ou en hiver.

Il conviendrait de tenter la culture forestière de cette essence en France; on l'y cultive déjà avec succès dans les jardins comme plante d'ornement.

A défaut d'une quantité suffisante de graines, on peut l'y multiplier par boutures. Ce mode de reproduction ne réussit pas dans la région d'habitat, parce qu'il nécessite un climat chaud ; mais les Japonais l'emploient avec succès dans le sud de Kiousiou pour faire leurs plantations en forêt. A cet effet, ils plantent, au moment de la montée de la sève, c'est-à-dire fin mars, des boutures de 0^m,60 de longueur qu'ils rabattent à 0^m,15. Cette méthode est aussi parfois employée sur le littoral de Nippon pour créer des pépinières, mais on pratique l'opération un peu plus tard, parce qu'il y fait plus froid.

En Europe, il sera prudent de ne pas commencer les plantations à l'exposition du midi. En effet, bien que son altitude, les essences qui l'environnent, la nature de ses feuilles, tout enfin indique que l'essence résiste très-bien au froid, cependant nous avons rencontré, sur le sommet d'une très-haute montagne, à l'exposition du midi, quelques sujets paraissant être morts de gelée ; il serait donc possible qu'elle eût à craindre le froid dans le cas où la sève monte hâtivement, comme cela a lieu fréquemment sur les arbres exposés au sud.

Sawara (Retinospora pisifera). — Le sawara recherche les mêmes terrains, la même altitude et la même exposition que le hinoki, mais il est moins exigeant ; sa zone d'habitat est, par suite, un peu plus étendue. Il supporte mieux la chaleur. Il pousse plus rapidement. Par contre, son bois est plus léger, plus mou, moins fin, moins résistant et a moins de durée. On l'emploie à la place du hinoki quand on trouve ce dernier trop cher, mais seulement pour des travaux relativement secondaires. Il se laisse fendre avec une très-grande facilité et rend, par suite, de grands services dans la fabrication du barillage. On utilise son écorce de la même manière que celle du hinoki.

On en signale un peu dans les forêts de Moutsou ; presque tout ce qui existe dans les forêts de l'État se trouve dans les provinces de Chinano, Mino et Hida, associé avec les hinoki ou placé dans le voisinage. Il est assez fréquent dans les cultures du littoral ; il y vient mieux que le hinoki.

Cette essence devrait être préférée au *Retinospora obtusa*, quand on ne recherche que l'effet ornemental, car les deux variétés ont même aspect (il est même difficile de les différencier lorsqu'elles n'ont pas de graines), il y a donc tout intérêt à choisir le sawara, qui est plus rustique et plus vigoureux.

On trouve, en outre, autour des maisons et dans les jardins, le *Retinospora pendula* ; mais les extrémités de ses rameaux reprennent la forme du *R. pisifera* sur les arbres très-âgés, et nous n'enavons trouvé des graines que sur des rameaux ainsi modifiés. C'est donc une espèce produite par la culture qui retourne, dans sa vieillesse, vers sa forme primitive.

On trouve, en outre, dans les jardins diverses autres variétés de *Retinospora* également très-jolies, en général buissonneuses, parmi lesquelles deux sont spontanées ; l'une est le *R. breviramea* [en japonais : *biakoudan*] ; l'autre est le *R. squarrosa* (*nezou*). Le docteur Savatier a trouvé ce dernier dans les montagnes d'Hakone ; les Japonais le signalent dans Chinano et dans Mino, associé aux sawara et aux tsouga dans des altitudes élevées. On s'explique difficilement que cette essence puisse geler à Paris, comme l'annonce Carrière dans son traité des conifères.

4° GROUPE DES SEGNI.

Segni (*Cryptomeria Japonica*). — Le segni (sougni) a une sorte de caractère religieux analogue à celui du hinoki ; on le trouve auprès de tous les temples et, dans certains endroits, les pèlerins font acte de dévotion en en plantant des boutures. Il doit évidemment cette vénération aux grandes dimensions qu'il atteint, à ses qualités ornementales et aux services qu'il rend. Les grandes bonzeries de Nikko et de Kooyasan ont de larges allées bordées d'arbres de cette essence de dimensions colossales, dont l'effet est vraiment imposant ; il y en a qui mesurent 6 mètres de circonférence au pied, 25 mètres de hauteur sous branches et 35 mètres de hauteur totale ; le fait est d'autant plus remarquable que ces localités sont à des altitudes élevées.

Cette essence croît remarquablement droite. Ses branches, nombreuses, grêles, ramassées en tout sens, sont cachées par une multitude de feuilles longues, étroites, pendantes, de couleur foncée. L'arbre apparaît ainsi comme une immense pyramide de verdure, aussi touffue que possible, élancée jusque dans l'âge mûr ; c'est pourquoi les voyageurs l'ont appelé très-souvent le *cèdre du Japon*. L'ensemble est un peu sombre et même triste, mais susceptible de produire des effets remarquables.

Aucune essence ne se prête mieux à la culture par futaie, mais ses jeunes sujets souffrent et meurent promptement dans les forêts naturelles, si bien qu'on en trouve fort peu dans les forêts du Gouvernement ; on pourrait presque l'appeler une *espèce cultivée*, malgré l'étonnante vigueur de sa végétation, car il est rare d'en rencontrer des cantons qui ne soient pas l'œuvre directe ou indirecte de la main de l'homme. Cet état de choses rend difficile la détermination de ses conditions de végétation naturelle.

Dans le sud de Kiousiou, le segni ne paraît pas pouvoir atteindre l'altitude de 900 mètres; il la dépasse un peu dans Nippon. On trouve encore cette essence dans Yéso. Les terrains qu'il préfère sont ceux que recherche l'hinoki et le sawara; il paraît surtout aimer les argiles voisines des granits, quand elles sont de nature schisteuse. Sa germination s'opère assez facilement, aussi bien sous le couvert des futaies naturelles que dans les sols nus exposés au soleil; mais, dans le premier cas, les jeunes sujets meurent étouffés au bout de deux ou trois ans; dans le second, ils ne passent pas leur premier hiver. Sa propagation naturelle est donc assez difficile, tandis qu'elle devient facile par la culture.

On en fait des plantations dans presque tout le Japon, principalement dans la région argileuse du littoral. On choisit toujours une terre argileuse, légèrement humide et aussi profonde que possible; on trouve fréquemment ces conditions réunies aux fond des gorges des vallons ou au pied des collines; on évite, dans tous les cas, les sables qui ne seraient pas très-gras. Dans ces conditions, l'essence supporte toutes les expositions, celle du midi favorise la rapidité de sa croissance. Le procédé de multiplication varie avec le climat.

Sur le littoral du sud de Kiousiou on plante généralement des boutures; cette méthode réussit mieux que pour le hinoki et pourrait être étendue à des régions plus élevées.

Dans le sud et dans le centre de Nippon, au contraire, on procède presque uniquement par voie de semis. A cet effet, on sème les graines en septembre ou en octobre dans une bonne terre labourée, comme on le ferait pour le blé, on les défend contre les oiseaux; elles lèvent en mars ou avril et elles atteignent $0^m,15$ à $0^m,20$ de hauteur au moment de l'hiver. Dans certaines localités, on repique les jeunes sujets au commencement du printemps suivant; dans d'autres, on les laisse en place jusqu'à la fin de la seconde année, époque à laquelle on peut les transplanter en forêt.

Dans les contrées où les bois et les terrains ont de la valeur, on plante les jeunes sujets à $0^m,90$ les uns des autres. Leur hauteur atteint 1 mètre à la fin de leur première année de plantation et $1^m,50$ à

1ᵐ,80 à la fin de la seconde. Ils dominent et ils étouffent promptement les herbes. Quand leur circonférence au pied atteint 0ᵐ,40 à 0ᵐ,45, le peuplement devient très-serré, leurs pieds perdent toutes leurs branches inférieures, une couche notable de débris couvre déjà le sol; il est nécessaire de faire une première éclaircie; la plantation n'a encore que 9 à 12 ans, suivant la nature du terrain. On laisse ensuite les arbres se développer à leur guise jusqu'à ce qu'ils aient atteint 0ᵐ,75 de circonférence, qui est leur dimension marchande; ils ont alors en moyenne 25 ans d'âge. Quand on désire avoir de grosses dimensions, on n'abat qu'un pied sur deux ; à partir de ce moment on compte sur un accroissement moyen annuel de la circonférence de 0ᵐ,03, de telle sorte que celle-ci atteint 1ᵐ,50 à 50 ans, 2ᵐ,25 à 75 ans et 3ᵐ,00 à 100 ans. On estime que chaque pied double de valeur marchande tous les dix ans à partir de l'âge de 40 ans.

Dans les contrées plus éloignées des centres de consommation, on plante de suite à 1ᵐ,80 de distance et on laisse les arbres croître jusqu'à ce qu'ils aient atteint leurs dimensions marchandes; on diminue ainsi les frais de moitié; par contre, on est privé des produits des éclaircies et on obtient des bois un peu noueux.

Dans les régions froides du Nord, on prépare les pépinières d'après la méthode suivante : on sème les graines en avril ou mai sur une plate-bande de petite dimension, bien préparée et bien fumée ; on la recouvre d'abord d'une légère couche de terre végétale et de sable passé au tamis, puis d'un lit de paille. On arrose, dix jours après, avec de l'engrais liquide. Les graines lèvent vers la fin de juin. A partir de ce moment, on étend chaque matin au-dessus d'elles des nattes destinées à les protéger contre le soleil et on les enlève chaque soir. A l'approche de l'hiver, on établit un abri fixe pour les défendre contre le vent et le froid; on ne l'enlève qu'au mois de mars, époque à laquelle on arrache les mal venants et on fume les autres avec des tourteaux et des cendres. On les défend encore contre le soleil en été et contre le froid en hiver. Au printemps de leur troisième année, ils ont 0ᵐ,30 à 0ᵐ,40 de hauteur; on les repique en raies dans une nouvelle pépinière et on les fume. A la fin de l'année ils ont atteint 0ᵐ,75 à 0ᵐ,90 de hauteur et peuvent être mis en pleine terre.

Le même procédé peut être appliqué à l'établissement des pépinières de hinoki, sawara, asounaro, etc.

La longueur des segni poussés ainsi en futaie est très-remarquable.

Elle est en moyenne de 12 mètres pour les sujets bien-venants de 0",40 de circonférence au pied et de 16 mètres pour ceux de 0",75. Nous avons eu à l'arsenal d'Iokoska des billes de 28 mètres de longueur, dont la circonférence sur aubier était}de 2",35 au pied et de 0",92 à la tête, et dont les dernières couches annuelles accusaient encore une végétation vigoureuse au moment de la coupe (de tels arbres auraient dépassé 50 mètres de hauteur totale si on leur avait laissé atteindre leur maximum de végétation); du reste, nous en avons rencontré qui avaient des dimensions encore plus considérables.

La longueur des segni isolés ne dépasse guère, au contraire, 30 à 35 mètres; par contre, leur accroissement en diamètre est plus rapide. En bon terrain, ils atteignent souvent 0",45 de circonférence à 10 ans, 0",90 à 20 ans, 1",35 à 30 ans, 1",75 à 40 ans et 2",10 à 50 ans.

Il est facile de se rendre compte, d'après ces données, de l'énorme quantité de produits ligneux que donne cette essence. Une futaie de cette espèce, située dans de bonnes conditions, produit, en tenant compte des vides accidentels, un rendement moyen annuel par hectare d'environ 30 mètres cubes. Elle couvre en même temps le sol d'une épaisse couche d'humus que les paysans mettent en culture aussitôt après la coupe et qui n'est épuisée qu'au bout de 4 ou 5 ans. On fait les semis ou plantations entre les souches des arbres, qu'on se garde bien d'arracher; celles-ci font l'office de tuyaux de drainage, et leur décomposition progressive donne aux plantes cultivées un véritable engrais, en même temps qu'elle ameublit le sol et qu'elle le rend accessible à l'air.

Son bois est léger, mou, spongieux et cassant; son cœur est violacé; il atteint même la nuance noire quand le sol est très-riche ou trop humide; on l'appelle alors *kourobe segni*: littéralement (segni noir); son aubier est au contraire tout blanc et n'a qu'une médiocre épaisseur. Ses nœuds sont noirs, gros et nombreux sur les arbres isolés, ainsi que sur les flèches des arbres de futaie. Sa résistance est très-faible, sa cassure rappelle exactement celle du navet. Sa durée est courte. Pour toutes ces raisons, c'est un bois de mauvaise qualité; les Japonais le classent cependant au-dessus du momi, parce qu'il dure un peu plus et qu'il joue très-peu à l'humidité. Il se laisse scier, tailler et raboter avec la plus grande facilité. Aucun bois ne se prête mieux à la confection de tout ce qui n'exige ni coup d'œil, ni longue durée; c'est pourquoi on en fait au Japon un emploi universel chez les gens qui ne prétendent pas au luxe pour leurs maisons, leurs meubles, leurs ustensiles, etc., c'est-à-dire pour la majorité de la population. Les caisses d'emballage, dans lesquelles on exporte en Europe les produits du pays, sont généralement fabriquées avec cette essence et permettent de juger de sa qualité.

Il serait utile d'en tenter la culture forestière en Europe. Il conviendrait de le mettre dans un sol argileux, frais, profond, surtout dans des schistes argileux, friables et poreux, ou dans les terrains de remblai de même nature. Il est indispensable que le sol soit légèrement humide; un terrain en pente susceptible d'être arrosé par la partie supérieure conviendrait parfaitement, mais une plaine marécageuse et le contact immédiat d'un cours d'eau lui seraient nuisibles. Une exposition chaude serait préférable à une froide. Enfin il serait bon d'abriter les plantations du vent, surtout de les isoler des villages et de prendre contre les incendies toutes les mesures de prudence possibles, car les débris qui couvrent leur sol forment dès l'âge de 8 à 10 ans un foyer de matières combustibles que la sécheresse de nos climats rendrait dangereux.

Il faudrait éviter soigneusement les graines de provenance chinoise, vu l'infériorité des *Cryptomeria* de cette contrée. Il convient également de rejeter les graines récoltées en Europe, à moins qu'elles ne proviennent de sujets âgés et vigoureux, car cette essence fructifie très-jeune, surtout quand les pieds sont chétifs, et ne donne alors qu'une mauvaise semence.

On rencontre déjà en forêt des segni dont les feuilles se sont allongées, galbées et quelquefois tordues sous des influences diverses; l'essence se prête donc à la production de nombreux types cultivés. On en trouve dans les jardins japonais de nombreuses variétés; toutes sont buissonneuses et produisent un bel effet; les unes ont les feuilles molles, courtes et de nuance claire; les autres les ont panachées, etc. Le vrai segni, au contraire, est d'ordinaire exclu des jardins japonais; ceux-ci sont toujours trop petits pour un si grand arbre. D'ailleurs sa nuance est sombre, sa base se dégarnit assez promptement; il est peu ornemental dans sa jeunesse.

5° GROUPE DES RÉSINEUX DIVERS.

Karamatsou (Larix leptolepis). Le karamatsou est un arbre des latitudes élevées; il règne de 1,200 à 2,500 mètres d'altitude. Il est beaucoup plus exigeant pour la nature du sol que pour l'altitude. Ainsi les paysans japonais, qui aiment son élégant feuillage et qui apprécient la durée de son bois, ne réussissent pas souvent à l'élever dans les altitudes voisines de 800 mètres, alors que d'autres y parviennent dans des régions bien moins élevées. On trouve même près du littoral de la mer du Japon, à l'altitude d'au plus 100 mètres, quelques sujets, en petit nombre, qui ont poussé d'eux-mêmes au milieu des matsou, dans un sable argileux maigre.

Il aime les sols légers; cependant il ne réussit pas dans les sables granitiques, ni dans les granits friables; il vient, au contraire, très-bien dans les laves des volcans; le Fuziyama en a une belle forêt qui surmonte l'étage des tsouga. Cette exigence touchant la nature du sol est sans doute la cause pour laquelle cette essence est peu répandue au Japon; elle n'y constitue guère de forêts que dans les provinces suivantes :

Chinano (ken de Nagano), ...	40 %	de l'existant total.
Chinano (ken de Tsoucouma)	20 %	—
Tsourougna	35 %	—
Kots'ké et divers	5 %	—
Total. . . .	100	—

Son bois possède toutes les qualités reconnues aux mélèzes d'Europe; on en trouve peu dans le commerce à cause de la difficulté des transports.

Les Japonais l'appellent aussi *fouzimatsou*, *othibamatsou*, *imeko-matsou*, *yesomatsou*.

Kooya maki (*Skiadopitys verticillata*).— Le *Skiadopitys verticillata* est réputé, à juste titre, l'un des plus beaux des conifères; malheureusement les diverses tentatives faites pour l'introduire en Europe sur grande échelle ont échoué jusqu'à ce jour, faute d'en bien connaître les conditions d'existence.

Il doit son nom de kooya maki à la montagne de Kooya, située dans la province de Kii, où il est abondant. Il y a là une bonzerie très-importante, où chaque famille princière (daïmios, taïkoun, mikado) avait les tombes commémoratives de ses ancêtres, avec un temple chargé de leur entretien; ses revenus avant la révolution s'élevaient à 21,000 kokous de riz et le nombre de ses prêtres était de 1,200.

Leur réputation de sainteté et d'austérité leur avait fait attribuer la mis
sion de surveiller les agissements religieux des Hollandais à Décima. C'est
sans doute par eux que Siebold connut cet arbre, dont il signala la
présence à Kooya. On ne savait pas, jusqu'à ces temps derniers, s'il était
réellement spontané au Japon; la question n'est plus douteuse. Il est
vrai que les 80,000 pieds qui existent dans les forêts de Kooya pourraient provenir de plantations anciennement faites par les bonzes, lesquelles se seraient régénérées en partie par elles-mêmes, en partie avec
le secours de la main de l'homme ; mais cette essence constitue sur les
sommets de Chinano, dans la région des hinoki, des massifs beaucoup
plus importants comme nombre de pieds, comme dimensions d'arbres,
et qui sont certainement spontanés. On les retrouve encore associés aux
hinoki dans la province de Mino ; on n'en signale pas d'autres forêts
dans le Japon.

Le kooya maki a les mêmes exigences que le hinoki, mais plus im-
périeuses ; on trouve toujours le second à côté du premier, mais en
maintes localités le skiadopitys n'accompagne pas le hinoki. Il supporte
moins facilement la lumière et l'exposition chaude ; ses jeunes sujets
aiment un couvert épais et l'exposition nord ; ils finissent par percer
le massif feuillu en formant une pyramide compacte, régulière et
élancée.

Il fructifie vers l'âge de 15 à 20 ans, quand il a atteint 4 à 5 mètres
de hauteur. Sa croissance en diamètre n'est que les 80 p. 100 de celle
des hinoki. Sa croissance en hauteur est également lente, mais elle se
continue plus longtemps que chez les autres arbres, de telle sorte que
sa flèche est toujours pointue à tout âge. Par contre, son bois est blanc,
brillant, extrêmement fin, plus dense et plus résistant que celui de
l'hinoki. Son écorce est de même nature que celle de l'hinoki et est
utilisée de la même manière.

Il supporte les peuplements serrés. Un lot de skiadopitys purs en
terrain escarpé, ayant 1^m,30 de circonférence au pied et 22 mètres de
hauteur totale, faisait des couches annuelles de 2$_{\%}$,5 d'épaisseur, alors
que le peuplement était d'environ 800 pieds par hectare.

C'est le plus beau conifère du Japon ; il y a lieu d'en renouveler les
essais d'acclimatation en France, en tenant compte de ses exigences. On
ne saurait trop recommander de l'élever à l'ombre, à l'exposition nord,
dans un terrain formé en grande partie des produits de la décomposition de conifères et, pour le complément, de 2/3 d'argile et 1/3 de

sable fin d'origine granitique, enfin de maintenir le tout dans un état de fraîcheur constant. Il sera donc prudent d'enterrer les vases.

Il se marcotte et se bouture avec une remarquable facilité : on trouve fréquemment des branches, brisées par le vent, qui ont pris racine au contact de l'humus du sol.

Il résiste à de fortes gelées ; il y a même des indices faisant supposer qu'il résiste également aux gelées printanières; mais il faut attendre que l'expérience éclaire ce second point ; pour le début, ceux qui ne voudront pas compromettre leurs sujets, devront se borner à les mettre à l'exposition nord. Leur croissance y sera plus lente, mais plus sûre.

Les Japonais ont de la peine à l'obtenir dans les jardins d'Yédo ; c'est pourquoi il y est rare ; ils sont obligés de l'y planter un peu âgé; ces sujets se déforment assez rapidement, et les grands arbres de cette essence qu'on trouve auprès des temples de Shiba et d'Oueno ne sont, comme forme générale, que de tristes spécimens de ce qu'on rencontre dans les régions plus froides.

Inou maki (Podocarpus macrophylla). — On appelle souvent maki le *Podocarpus macrophylla*, mais pour le distinguer du kooya maki, avec lequel il a une certaine ressemblance à distance, on le nomme *inou maki* (maki chien ou mauvais maki) ou bien encore *kssa maki* (maki herbacé ou maki secondaire); dans Kiousiou il porte le nom de *fitoha* ou *itobanoki*.

Sa région d'habitat est le Sud. Près de la moitié de l'existant total du Japon est dans la province de Fiouga ; on ne le rencontre guère spontané au-dessus des provinces de Ethizen, Mino, Mikawa, mais il pousse vigoureusement dans les jardins du Nord, notamment à Tokio.

L'essence est d'ailleurs peu répandue. Elle apparaît dans Fiouga dès les faibles altitudes, 200 mètres environ; elle a son maximum de vigueur vers 600 mètres, à l'exposition du midi, mélangée à des kachi, moccocou et autres essences à feuilles persistantes; elle y atteint jusqu'à 3 mètres de circonférence au pied. On trouve du reste, auprès des temples de Tokio, Kamakoura, Foudjisawa, etc., des sujets plantés de 2^m,20 de circonférence, mais ces derniers sont très-vieux, souvent étêtés ; leurs branches inférieures pendent, sur 3 ou 4 mètres de longueur, comme celles d'un saule pleureur, et produisent un effet disgracieux, qu'on ne retrouve du reste ni sur les sujets cultivés d'âge moyen, ni sur les arbres spontanés de tout âge.

Elle paraît aimer les sables assez argileux.

Son bois est blanc, homogène; on le dit résistant, mais il est inférieur à celui du kooya maki; on en fait des pièces de charpente pour les maisons et quelques menus objets. Son écorce est de même nature que celle de l'hinoki et sert aux mêmes usages.

On en trouve plusieurs variétés cultivées; l'une d'elles panachée, une autre remarquable par l'abondance et la beauté de ses fruits. Ceux-ci sont verts, sphériques, ressemblant assez à de gros pois et sont portés par un pédoncule charnu, comestible, qui a la forme d'un cœur et la grosseur d'une cerise, et qui prend à maturité des nuances rouges et violettes d'un fort joli effet. Chaque pédoncule porte deux graines, mais l'une d'elles, le plus souvent, avorte avant maturité.

Akeki (*Thuiopsis dolobrata*). — L'akeki aime l'ombre et les futaies serrées. Il est assez abondant dans Chinano et Mino; il y est toujours associé au sawara et généralement aussi à l'hinoki et au kooya maki. Il a donc la même tendance qu'eux, mais il est un peu moins exigeant, car il n'est pas rare d'en trouver quelques sujets isolés, venus spontanément dans les forêts situées au pied des collines de roches argileuses du littoral à l'exposition nord. Il est vrai que ces derniers, vigoureux dans leur jeunesse, ne tardent pas à disparaître, tandis que les arbres de la montagne atteignent facilement $2^m,50$ de circonférence.

Son port est bien connu en Europe. Ses feuilles, larges et étranges, constituent de grands plans qui tendent à se mettre perpendiculaires aux rayons solaires; les bûcherons s'en servent comme de boussole pour s'orienter en forêt.

Il donne beaucoup moins d'ombrage que le sawara et que l'hinoki, *à fortiori* que le kooya maki et que l'inoumaki.

On l'emploie souvent comme arbre d'ornement.

Son bois est d'une qualité intermédiaire entre ceux de l'hinoki et du sawara; on le confond avec eux dans les exploitations et dans le commerce.

Certains bûcherons affirment qu'il existe une seconde variété spontanée, peu répandue, différant autant de l'akeki que le sawara diffère de l'hinoki.

D'un autre côté, les Japonais ont créé de nombreuses variétés cultivées qui forment une sorte de série continue entre les *Thuiopsis dolobrata*, les *Thuya*, les *Biota* et les *Retinospora*, et qui ne peut être délimitée que par un spécialiste.

Il en résulte que les Japonais ont créé une quantité considérable de noms qu'ils n'appliquent pas toujours exactement et qui ajoutent à la confusion. Ils donnent parfois au *Thuiopsis dolobrata* spontané le nom d'*asounaro* et même celui de *chiba*, bien que ce dernier terme paraisse plus spécialement désigner l'une des variétés cultivées.

Kaya (Torreya nucifera). — Le vrai kaya a le port du momi, mais ses rameaux plus nombreux sont beaucoup plus grêles et moins fournis de feuilles; il donne beaucoup moins d'ombrage. Ses feuilles sont aiguës et piquantes.

Il ne constitue pas de peuplements forestiers; on en trouve seulement des pieds dispersés çà et là, à côté des momi, à l'exposition nord et dans les altitudes de 200 à 600 mètres. On en rencontre, au contraire, très-fréquemment de jeunes sujets dans les sous-bois des forêts naturelles; ils germent facilement sous un couvert épais; mais il semble qu'ils périssent étouffés, puisqu'un très-petit nombre seulement se fait jour de temps à autre. Cette essence paraît donc avoir les mêmes tendances que le momi; tout porte à croire qu'elle formera promptement des peuplements entiers, quand on soumettra les forêts de momi et de bouna à des exploitations rationnelles.

Cette essence mérite d'être multipliée. Elle pousse très-lentement, il est vrai, mais son bois est compacte, homogène, très-dense, très-raide, très-résistant et se rapproche assez du buis pour que les tourneurs l'emploient; il résiste parfaitement à l'eau, joue peu à l'humidité et sert à confectionner les baignoires et le barillage de luxe.

Cet arbre donne surtout un fruit contenant une amande comestible qui, fraîche ou sèche, a exactement le goût de la noisette et dont on tire une huile de table de qualité réellement supérieure.

Il est regrettable que ce conifère ait été négligé jusqu'à ce jour au point que ses fruits et surtout son huile soient des objets de luxe; il n'est pas douteux qu'on ne puisse le multiplier sans frais et en constituer de véritables forêts qui seront une sérieuse ressource pour les populations pauvres de la montagne.

Inou kaya (Cephalotaxus drupacea). — Le *Cephalotaxus drupacea* est, au contraire, un arbrisseau de 5 à 6 mètres de hauteur, buissonneux, qui ressemble plus à un taxus qu'à un torreya. Les Japonais lui ont donné le nom de *inou kaya* (littéralement : kaya chien ou mauvais kaya), parce qu'ils en tirent une mauvaise huile. L'essence produit beaucoup de fruits et la quantité compense la qualité.

Il aime les terres argileuses et fraîches ainsi que l'exposition du midi.

Il fructifie à l'âge de treize ans. On trouve des pieds venus spontanément en forêt, surtout dans la province de Kaï, mais ils sont rares ; la principale ressource du pays consiste en arbres situés auprès des maisons, sur les talus des rizières ou sur le bord des chemins et auxquels on ne donne ni culture, ni soins, ni engrais.

L'amande dont on extrait l'huile est comprise dans une drupe molle, sucrée, qui n'a jamais été utilisée par les Japonais, bien qu'elle paraisse susceptible de donner, par la fermentation, une quantité notable d'alcool.

Il y aurait un grand intérêt à en essayer la culture en France ; on n'en peut espérer que de l'huile de graissage ou de l'huile de savonnerie, mais le rendement en est considérable, eu égard surtout au peu de frais qu'il occasionne. On a l'habitude de greffer ces arbres pour hâter l'époque de leur fructification.

Biakouchin (*Juniperus japonica*). — On rencontre assez fréquemment au Japon des *Juniperus* isolés, principalement à l'exposition du midi et dans les terres arides et légères, communes dans le voisinage des volcans ; on n'en signale de peuplements abondants que dans la province de Chinano (ken de Nagano), où ils seraient associés au tsouga, au tohi et même au karamatsou et où ils atteindraient 1ᵐ,20 de circonférence au pied. Leur bois est rouge foncé, résistant ; leurs couches de croissance ont une très-faible épaisseur ; ils ont les qualités du genévrier commun, mais non celles du genévrier de la Virginie. Les renseignements recueillis feraient classer cette variété comme un *Juniperus nipponica* ou *sinensis*.

Les Japonais l'appellent parfois *béni biakouchin*, *hakoufi* et *ibouki*.

Ils ont, en outre, le *Juniperus rigida* qu'ils nomment *chimémomi*, *chimouro* ou *nézoumissachi*, et plusieurs espèces cultivées, entre autres un très-beau *Juniperus sinensis* panaché, de couleur très-gaie et donnant de jolis buissons dans les jardins.

Honcko (*Taxus cuspidata*). — On dit que l'if est assez abondant dans Yéso ; l'arsenal d'Iokoska en a reçu des billes de cette provenance qui avaient des couches de près de 2 millimètres d'épaisseur. On assure que ses fruits rougissent et mûrissent en automne, que leur drupe a un goût sucré, qu'elle est comestible, que leur noyau est blanc, qu'il donne une huile analogue à celle qui venait de Chine sous le nom de *kiara*, et que la hauteur de l'arbre ne dépasse guère 10 mètres.

On le cultive, dans tout le Japon et même dans Kiousiou, comme arbre d'ornement ; on lui a donné quantité de noms, savoir : *araragni*, *kiara, itchii, souwanoki, midsoumatsou, akaki.* On en trouve également quelques pieds spontanés dans Mino, Chinano et Hiouga.

Résineux divers. — Le Japon possède plusieurs autres espèces résineuses, mais seulement en très-petite quantité. Elles sont situées, en général, assez loin des villes et ne sont guère connues que des paysans des montagnes du Centre ; on leur donne assez souvent des noms différents dans chaque province, ce qui ajoute encore à la confusion. Elles n'ont qu'un intérêt de curiosité pour les botanistes.

DEUXIÈME PARTIE.

ESSENCES FEUILLUES.

Les Japonais n'emploient leurs essences feuillues que pour quelques travaux de luxe, cependant ils en ont qui sont susceptibles de fournir d'excellents bois de charpente et il est certain que plusieurs d'entre elles sont appelées à prendre dans l'avenir une réelle importance pour la consommation intérieure et surtout pour l'exportation.

La Chine est privée de bois; les Philippines, la Birmanie, Singapour, Java, Vancouver, l'ont seuls jusqu'à ce jour approvisionnée; le Japon était un pays fermé, ses forêts étaient en ruines; il ne pouvait pourvoir aux besoins de ses voisins, mais sa situation ne peut que s'améliorer; ses bois commencent déjà à paraître sur la place de Chang-Haï, son commerce se développera de ce côté avec le temps; il portera probablement sur les bois feuillus que les Japonais délaissent. Il est même possible que celles de leurs essences qui sont susceptibles de faire de la menuiserie et de l'ébénisterie de luxe ne tardent pas à paraître sur les marchés d'Europe.

Les essences aptes à donner des bois de travail sont trop négligées pour être répandues; elles ne représentent que les $\frac{1}{100}$ du total des ressources forestières du pays (Yéso non compris), mais il serait facile de les multiplier. Leurs existants sont dans les proportions suivantes: nara, 35 p. 100; kouri, 20 p. 100; katzoura, 10 p. 100; ulmacées, 6 p. 100, dont moitié kéaki; lauracées et issou, 3 p. 100; divers autres, 26 p. 100. On les rencontre surtout dans les forêts naturelles des montagnes du Centre.

Les essences feuillues secondaires (bouna, hannoki, yanagni, etc.) représentent au contraire les 60 p. 100 des ressources totales de la contrée.

Le tableau ci-dessous donne la nomenclature de ces essences et leurs principaux usages.

	DÉSIGNATION DES ESSENCES.			PRINCIPAUX TRAVAUX auxquels
	Noms indigènes.	Noms botaniques.	Noms vulgaires des espèces européennes voisines.	ils conviennent.
GROUPE DES CUPU- LIFÈRES.	Nara. Kachi. Kouri. Bouna.	Quercus. Quercus. Castanea japonica, Bl. Fagus Sieboldii. Endl.	Chênes blancs. Chênes verts. Châtaignier. Hêtre.	Charpentage. Id. Id. Travaux secondaires
GROUPE DES ULMACÉES.	Kéaki. Hénoki. Moukou. Akatamo. Chicoro.	Planera japonica Miq. Celtis sinensis Pers. Homoioceltis aspera Bl. Ulmus campestris (?).	Orme. Micocoulier. » Orme.	Charpentage, menui- serie, tournerie. Id. Id. Id. Id. Id. Id.
GROUPE DES LAURACÉES.	Kesou. Tamaksou. Nikkei. Yabonksson. Oki. Kouromodji.	Laurus camphora F. Nees Cinnamomum pedunculatum. Cinnamomum Loureirii. Litsea glauca. Machilus Thunbergii. Lindera sericea.	Camphrier. » » » » »	Id. Id. Travaux secondaires Id. Id. Id. Id. Id. Id. Cure-dents.
AUTRES ESSENCES SUSCEPTIBLES DE FOURNIR DES BOIS DE TRAVAIL.	Issou.	Distylium racemosum S et Z. Hamamelideæ.	»	Charpentage, menui- serie, tournerie.
	Tonérico.	Fraxinus longicuspis S et Z. Oleaceæ.	Frêne.	Id. Id.
	Katsoura.	Cercidiphyllum japonicum S et Z. Magnoliaceæ.	»	Id. Id.
	Hò.	Magnolia hypoleuca Sclz. Magnoliaceæ.	Magnolia.	Menuiserie.
	Konwa.	Morus alba Thunb. Moreæ	Mûrier.	Id.
	Sakoura.	Prunus, pseudocerasus Lindl. Rosaceæ.	Cerisier.	Menuiserie, tourne- rie et gravure.
	Momizi.	Acer polymorphum S et Z. Sapindaceæ.	Érable.	Id. Id.
	Assada.			Menuiserie.
	Kaki.	Diospyros kaki Thunb. Ebenaceæ.	Kaki.	Id.
	Kouroumi.	Juglans Mandshurica Miq. Juglandaceæ.	Noyer.	Id.
	Id.	Juglans regia.	Id.	Id.
	Chian-chin.	Cedrelaceæ.	»	Id.
	Kemponachi.	Hovenia dulcis Thunb. Rhamneæ.	»	Id.
	Sendan.	Melia japonica G. Don. Meliaceæ.	Azédarach.	Id.
	Sarroussoubéri.	Lagerstræmia indica Linn. Lythrariaceæ.	»	Id.
	Mokkokou.	Ternstræmia japonica Thunb. Ternstræmiaceæ.	»	Menuiserie et tour- nerie.
	Kobahi.	Prunus (?). Rosaceæ.	Prunier.	Id. Id.
	Nanakamodo.	Pyrus sambucifolia.	Poirier.	Tournerie et menus travaux.
	Araragni.	Ilex latifolia.	»	Id. Id.
	Chiragni.	Olea aquifolia.	»	Id. Id.
	Tsougné.	Buxus japonica.	Buis.	Id. Id.
	Inoutsougné.	Ilex crenata.	»	Id. Id.
	Tsoubaki.	Camellia japonica.	Camellia.	Id. Id.
	Sasanqua.	Camellia sasanqua.	Id.	Id. Id.
	Chidô.	Aronia asiatica (?).	»	Id. Id.
	Minébari.	Alnus firma.	Aulne.	Id. Id.
	Hannoki.	Alnus maritima.	Id.	Travaux secondaires et teinture.
	Yehzou.	Sophora japonica.	»	Menuiserie, menus travaux.
	Kiri.	Paulownia imperialis.	Paulownia.	Id. Id.
	Yamakiri.	Elæococca verrucosa.	»	Menus travaux.
	Aogiri.	Sterculia platanifolia.	»	Id.

GROUPE DES CUPULIFÈRES.

Chênes à feuilles caduques. — Les Japonais désignent sous le nom collectif de *nara*, leurs différentes espèces de chênes à feuilles caduques, et sous celui de *kachi*, celles à feuilles persistantes. Ces deux dénominations correspondent ainsi aux noms de *chênes blancs* et *chênes verts* employés en France.

Leur classification botanique laisse encore beaucoup à désirer. L'*Enumeratio plantarum* du docteur Savatier signale au Japon 18 espèces différentes de *Quercus*, non compris 5 variétés et 4 espèces signalées douteuses ; de plus, l'auteur n'a probablement pas connu toutes les espèces existantes. Il est bien difficile de se reconnaître dans une série aussi étendue, d'autant plus que certaines espèces sont polymorphes et que le plus grand nombre habite des régions peu fréquentées.

Les essences à feuilles caduques sont les suivantes :

Quercus serrata, que les indigènes désignent sous le nom particulier de kounougni ou konara.
Quercus glanduligera, que les indigènes désignent sous le nom particulier de onara.
Quercus (?) que les indigènes désignent sous le nom particulier de oitsa ou hoitssoussa.
Q. crispula.
Q. dentata, que les indigènes désignent sous le nom particulier de kachiwa.
Q. pinnatifida.
Q. aliena.
Q. canescens.
Q. urticæfolia.
Q. lacera.
Q. variabilis.

Toutes ont pour caractère commun de rechercher les régions argileuses et froides.

Les deux premières sont seules abondantes sur le littoral. Elles y apparaissent au milieu des sables argileux associées avec les kouri ; mais leurs sujets y sont chétifs, buissonneux et ne dépassent pas la taille d'arbustes. Les *Q. glanduligera* y souffrent plus encore que les *Q. serrata* ; ils s'y couvrent d'une multitude de fruits avortés qui se réduisent chacun en une touffe de feuilles indépendantes constituant une sorte de grosse cupule dépourvue de gland. Cela est d'autant plus remarquable que les cupules normales sont lisses ; c'est une excellente confirmation de la théorie qui attribue la formation des cupules des glands de chênes à la soudure des bractées de leurs fleurs.

Ces deux essences prennent de la vigueur à mesure que le terrain devient plus argileux ; elles donnent alors des taillis de plus en plus forts, mais elles n'atteignent jamais de grandes dimensions dans les altitudes inférieures. Dans Kiousiou, il faut s'élever jusqu'à 800 mètres pour en rencontrer des taillis. Aussi, bien qu'elles soient très-répandues dans tout le Japon, depuis le Nord de Nippon jusqu'au Sud de Kiousiou, elles ne constituent guère que 1 à 2 p. 100 du total des ressources forestières du pays, et la plupart des provinces n'en ont qu'à l'état de taillis.

Le *Q. serrata* a la feuille analogue à celle du châtaignier ; ses glands sont gros et presque sphériques ; ses cupules sont foliées ; son écorce est grise et très-crevassée. Il supporte mieux les faibles altitudes que tous les autres nara. On le cultive en taillis sur le littoral pour bois de chauffage. Sa croissance est rapide quand le sol est argileux ; à Iokoska, on obtient des perchis de 0^m,60 de circonférence au pied à l'âge de 14 ans ; les habitants les coupent carrément à la scie assez haut au-dessus du sol, sans se préoccuper de l'écoulement des eaux pluviales. La qualité des bois atténue heureusement les mauvais effets de semblables pratiques et, en fait, les vieilles souches sont généralement saines. La croissance de ces arbres s'arrête bien vite, les réserves languissent et ne peuvent arriver à produire la plus petite charpente. Leur végétation devient plus vigoureuse quand on s'élève dans l'intérieur ; elle n'arrive jamais cependant à égaler celle des *Q. glanduligera*. Cette essence n'est pas signalée dans Yéso ; c'est parmi toutes les espèces à feuilles caduques celle qui convient le mieux aux pays chauds.

Le *Q. glanduligera* est le vrai nara, celui auquel on attribue la particule honorifique O. Il vient cependant moins bien sur le littoral que le *Q. serrata*, mais il prend plus de vigueur dans les régions hautes et constitue, dans les altitudes de 800 à 1,000 mètres, quelques belles futaies, où les chênes atteignent, à l'âge de 200 ans, 12 mètres et même 16 mètres sous branches, sur 1^m,80 à 2^m,70 de circonférence au pied, avec une décroissance moyenne de 10 millimètres de diamètre par mètre de hauteur du tronc. Il y aurait certainement de grandes surfaces occupées par les futaies de ce genre dans les régions montagneuses si les paysans n'avaient pris l'habitude d'incendier les herbes et les broussailles pour favoriser la reproduction de la fougère nommée warabi, dont la racine constitue leur unique aliment en été. Une famille de montagnards dévaste ainsi pour vivre misérablement environ 400 hectares de forêts qui, convenablement aménagées, lui procureraient une brillante prospérité. Les chênes de ces régions élevées ont les mêmes bois que les chênes rouvres et les chênes pédonculés de France; ils leur ressemblent d'ailleurs beaucoup comme port et comme feuillage. Les Japonais, accoutumés aux essences si nerveuses du littoral, font peu de cas de ces nara un peu gras, d'autant plus que, par suite du mauvais état de leurs forêts, les pièces sont presque toujours échauffées ou atteintes par la grisette et par les autres vices. Il suffirait cependant de peu de chose pour faire produire à ces régions abandonnées d'excellents bois de fente susceptibles d'être exportés.

On rencontre dans Kiousiou et dans diverses parties de Nippon un nara nommé ottssa ou hottssoussa dont la feuille ressemble beaucoup à celle du Q. glanduligera, mais qui paraît être une espèce différente. Son bois est aussi nerveux que celui des chênes du bassin de la Garonne. Les paysans l'appellent le roi des bois, qualification surprenante de la part de gens qui n'apprécient que les bois résineux. Les billes que nous avons rencontrées avaient 1m,80 de circonférence à l'âge de 80 ans.

L'arsenal d'Iokoska a reçu d'Yéso deux espèces de chênes nommées l'une manara (littéralement: vrai nara), l'autre ichinara (littéralement: nara dur comme de la pierre), toutes deux accompagnées de spécimens de feuilles rappelant exactement les deux espèces précédentes; ce sont peut-être encore des espèces différentes.

Le Q. crispula donne un assez bon bois. Sa feuille est plus petite que celle du Q. dentata; elle lui ressemble à tel point qu'on pourrait la confondre, mais la nature des glands différencie nettement les deux essences.

Le Q. dentatd est cultivé dans tout le Japon pour ses qualités ornementales; les Japonais le nomment ordinairement kachiwa, mais quand ils veulent le distinguer du précédent, ils lui donnent le nom de kachiwamoti (littéralement kachiwa gâteau, parce qu'on emploie ses grandes feuilles pour envelopper certains gâteaux), et ils appellent alors kochini le Q. crispula. On le rencontre en petite quantité dans Kiousiou, plus fréquemment dans Nippon, et abondamment dans Yéso. C'est un arbre des pays froids, qui s'accommode assez bien de la chaleur et de toutes les natures de terrain. Il conviendrait de le cultiver en Europe comme arbre d'ornement. Son bois a les mailles très-développées; il rappelle le chêne vert; il a peu de résistance et peu de durée.

Les autres variétés à feuilles caduques ont été distinguées par les botanistes européens qui se sont occupés de la flore japonaise; il est possible que quelques-unes d'entre elles ne soient que des *Q. glanduligera*, essence dont les feuilles ont une tendance des plus marquées pour le polymorphisme; dans tous les cas, ces variétés sont rares dans le pays; les habitants les confondent d'ordinaire avec les autres nara.

Chênes à feuilles persistantes. — Les espèces à feuilles persistantes sont si nombreuses et si imparfaitement définies qu'il est fort difficile d'en donner la nomenclature exacte. Les Japonais les nomment tous *kachi* et donnent à chaque essence un nom spécial; malheureusement ils font de fréquentes confusions, excepté dans la province de Fiouga où les essences sont très-nombreuses et très-nettement désignées.

Toutes aiment les sables argileux, les argiles compactes, les argiles proprement dites et les terrains formés par les projections des volcans; elles recherchent surtout les latitudes sud et l'exposition du Midi. Elles sont très-abondantes et très-vigoureuses dans Kiousiou, où elles représentent un quart du peuplement total, et plus spécialement dans la province de Fiouga (ken de Miazaki), où leur proportion dépasse un tiers de l'existant total. Dans les îles de Sikokou et de Nippon, elles ne constituent guère au contraire que $\frac{1}{7}$ p. 100 de l'existant total, encore y sont-elles cantonnées dans la région du littoral, tandis que dans Kiousiou elles s'élèvent jusque sur les plus hautes montagnes. Elles ne sont pas signalées dans Yéso.

Les espèces que nous avons rencontrées sont les suivantes:

Q. cuspidata, que les Japonais nomment sii.
Q. ?	—	—	hébosii.
Q. ?	—	—	itasii.
Q. ?	—	—	kosii.
Q. acuta	—	—	arakachi.
Q. ?	—	—	akakachi.
Q. ?	—	—	hatokachi.
Q. glauca	—	—	chirakachi.
Q. ?	—	—	kourokachi.
Q. paucidentata	—	—	yananikachi.
Q. glabra	—	—	matékachi.
Q. ?	—	—	anakachi.
Q. gilva	—	—	itii.

Q. thalassica.
Q. sessilifolia.
Q. myrsinæfolia.
Q. phyllireoïdes.

Le *Q. cuspidata* (sii) est de tous les kachi celui qui s'élève le plus au Nord ; il est fréquent sur le littoral de Nippon et abondant dans tout Kiousiou. Son feuillage est très-épais, ce qui le fait planter comme arbre d'ornement auprès des temples. Ses glands sont comestibles. Son bois paraît avoir peu de résistance et surtout peu de durée. Il n'y en a qu'une espèce dans Nippon, tandis que dans Kiousiou on distingue les hébosii, les honsii, les itasii et les kosii. Les deux premières dénominations paraissent ne se rapporter qu'à la qualité du bois ; elles correspondraient ainsi à nos spécifications de bois *gras* et bois *maigres*. Les deux dernières, au contraire, semblent désigner deux espèces bien distinctes, car les habitants prétendent que les kosii ont les glands comestibles et le bois passable, tandis que les itasii ont les glands non comestibles et le bois détestable ; nous avons rencontré dans la province de Fiouga, les kosii dans les altitudes de 400 à 700 mètres, et les itasii dans les régions inférieures.

Le *Q. acuta* est l'espèce qui laisse le plus d'incertitude. Elle est représentée dans le littoral de Nippon par une espèce à feuille large, épaisse, luisante, qu'on nomme *akakachi* (littéralement : kachi rouge), qui s'élève dans le Nord presque autant que le sii et qui est remarquablement vigoureuse ; c'est la variété nommée souvent *Q. buergerii*. Son écorce est lisse, unie et blanchâtre, même sur les arbres de 1^m,80 de circonférence. Son fût est élancé et remarquablement droit. Son bois est rouge, assez foncé, ce qui a valu à l'essence le nom de akakachi. On trouve aussi dans Nippon, quoique rarement, des akakachi, ayant même feuillage, même bois, mais dont le port rappelle celui d'un saule étêté (6 à 10 maîtresses branches surmontant un tronc droit de 2 à 5 mètres de hauteur sans laisser de flèches).

Les variétés deviennent plus nombreuses dans la province de Fiouga, qui est le véritable centre des kachi. On y retrouve dans les altitudes élevées, sous le nom de *arakachi* (littéralement : kachi dur), une essence qui paraît être celle qu'on nomme akakachi dans Nippon, du moins elle a même feuillage, même écorce, même bois, et si elle en diffère un peu comme port, cela peut être attribué à la différence des conditions d'habitat. Nous l'avons rencontrée à 800 mètres d'altitude, elle y avait atteint 2^m,80 de circonférence au pied et 8 mètres de hauteur de fût sous branches. Du reste, elle pousse partout vigoureusement et s'accommode très-bien des roches argileuses et de l'exposition du Midi. Son bois est très-fort, très-raide, mais les mailles en sont fortement développées et le bois a, par suite, peu de durée; on peut presque le comparer au chêne vert de Provence.

On rattache également au *Q. acuta* deux autres essences qu'on rencontre dans Fiouga à des altitudes plus faibles et que les habitants nomment *akakachi* et *hatokachi*. Ces quatre types correspondent à des essences qui ont à coup sûr des caractères communs, mais il serait imprudent de les confondre en une seule et même espèce avant qu'une étude complète de leurs organes ait fixé sur leur identité.

Le *chirakachi* (*Q. glauca*, littéralement : chêne blanc) recherche les altitudes peu élevées et les sols profonds. Il est rare et peu vigoureux à la hauteur d'Yédo, plus abondant au Sud du Fuziyama ; on ne l'y rencontre guère sur le littoral. Il a toute sa vigueur dans Kiousiou ; il y atteint les dimensions de nos plus beaux chênes de France. Dans la province de Fiouga il est encore très-vigoureux à 400 mètres d'altitude, à l'exposition du Midi, mais à 700 mètres il n'y donne plus que des taillis. Son bois est dense, homogène, de nuance claire; ses mailles sont fines, ses vaisseaux sont gros et droits. C'est le plus résistant et le plus durable des kachi ; on le recherche pour la confection de tous les objets qui demandent une grande résistance, tels que les manches de lances, les manches d'outils, les godilles des embarcations indigènes, etc. On exigeait pour les lances que les brins eussent poussé rapidement sur un bon sol et qu'ils eussent une rectitude parfaite ; on les essayait en soufflant par un bout et on les estimait quand le souffle sortait par l'autre. Les princes de Fiouga n'admettaient que cette espèce et l'itii dans leurs plantations de kachi; ces deux essences nous ont paru supérieures à notre chêne vert de Provence; l'akakachi lui est à peu près équivalent, tous les autres kachi lui sont notablement inférieurs.

Le *kourokachi* (littéralement : kachi noir) n'est peut-être qu'une variété de *Q. glauca* ; nous n'en avons rencontré que de rares sujets. Leurs feuilles petites, la couleur de leur écorce, leur port et la nature de leur bois diffèrent cependant assez des éléments similaires des chirakachi pour justifier la dénomination spéciale que les habitants lui ont donnée.

Les *yananikachi* ont été classés comme étant des *Q. paucidentata*. Ils sont peu répandus; ils ont le port du arakachi, mais ils ont un feuillage très-clairsemé. On en trouve dans Fiouga en assez grand nombre, ayant 2m,50 à 3 mètres de circonférence au pied, à l'altitude de 100 mètres dans les roches argileuses.

Les *Q. glabra* (matékachi) sont rares en forêt ; on les trouve dans

Fiouga associés au ksson (*Laurus camphora*) dans les faibles altitudes.
On vend en automne à Yédo et dans toutes les grandes villes du Japon
de gros glands de chêne comestibles de forme allongée qu'on nomme
matekachi ou *matebasii*; ils paraissent être également des *Q. glabra*.
On en tire, dit-on, beaucoup de la rive nord de la baie d'Yédo.

Le bois d'*ananakachi* ou d'*anagnakachi* est encore d'une qualité
inférieure à celle des autres kachi; on ne lui attribue que la moitié de
la durée du bois des chirakachi.

Le bois de l'itii (*Q. gilva*) est classé au contraire presque au niveau
de celui du chirakachi. Cette essence n'existe pas dans Nippon; elle
recherche le Midi et ne s'élève pas dans Kiousiou au-dessus de 100 mètres
d'altitude. Elle aime les terres profondes des plaines d'alluvion. Elle
est remarquablement vigoureuse; elle pousse volontiers, droit, même à
l'état isolé; elle atteint fréquemment 3ª,20 de circonférence au pied et
15 mètres de hauteur sous branches. Ses feuilles sont extrêmement
nombreuses, touffues, foncées à la face supérieure, d'une nuance jaune
caractéristique à la face inférieure, longues de 7 centimètres, larges de
2 ¹/₂, un peu obtuses au sommet. Son écorce sur les arbres âgés se
fend en longues et larges plaques grisâtres .Ses glands sont petits, courts,
obtus et ont leurs cupules veloutées. Sa croissance est rapide; les
qualités relatives de son bois et son admirable couvert la rendraient
précieuse pour ombrager les routes, les cours d'eau et les habitations
dans le Midi de la France et surtout dans les plaines du littoral de l'Algérie; c'est d'ailleurs une essence forestière d'un grand intérêt. Il conviendrait donc d'en tenter l'acclimatation en Europe.

Les essences que les botanistes européens ont dénommées *Q. thalassica, Q. sessilifolia, Q. myrsinæfolia, Q. phyllireoïdes*, sont à coup sûr
fort rares, si réellement elles sont des espèces distinctes des précédentes.

Kouri (*Castanea vulgaris*, châtaignier). — On rencontre le châtaignier (*Castanea vulgaris, var. japonica*, en japonais kouri) dans toutes
les parties du Japon depuis Yéso jusqu'à Kiousiou. Il recherche partout
les sables argileux et profonds ; il réussit surtout très-bien dans certains
granits friables et dans les éboulis de roches argileuses si fréquentes
au Japon. L'exposition qui lui convient dans Kiousiou est celle du Nord;
dans Nippon il paraît préférer celle du Midi.

Sur le littoral de Nippon, il pousse vigoureusement pendant sa période de jeunesse; sa croissance s'arrête bientôt et il n'y peut fournir
aucun bois de travail. Ses dimensions s'accroissent quand on s'élève

dans l'intérieur; il est déjà très-beau à l'altitude de 500 mètres; on en rencontre alors des sujets ayant près de 4 mètres de circonférence au pied qui sont encore parfaitement sains; il s'élève jusqu'à près de 1,000 mètres. On l'y voit associé aux nara, il n'y paraît nullement souffrir ni du vent, ni des gelées printanières. Il résiste assez bien aux incendies que les habitants organisent chaque année; mais, dans ce cas presque toutes les autres essences sont détruites; il survit presque seul, ses pieds sont par suite clairsemés et prennent de magnifiques courbures.

Dans Kiousiou, ce n'est que vers 800 mètres qu'il atteint de grandes dimensions; alors son bois y est plus dense, plus nerveux et a plus de durée que dans le reste du Japon.

On prétend que dans Yéso il atteint son complet développement sur le littoral.

Ses fruits n'ont ni la grosseur ni surtout la saveur des châtaigniers de France. C'est une essence aussi négligée que le chêne; les Japonais n'en tirent aucun profit. Cependant sa rapide croissance, la facilité qu'on aurait pour le répandre sur d'immenses surfaces de terrains incultes, les qualités de son bois et les ressources qu'il peut rendre, le recommandent à l'attention des forestiers indigènes.

Bouna (*Fagus Sieboldii*, hêtre). — Le hêtre (bouna) est très-abondant dans toutes les forêts du Japon. On le rencontre presque partout où il y a des kéaki, des momi ou des nara; il les abrite et les protége sur les flancs des montagnes et règne seul le plus souvent sur leurs crêtes. Il est encore vigoureux à 1,200 mètres d'altitude. On en fait quelques menus objets de tournerie, un peu de bois de chauffage et de charbon de bois, mais la majeure partie des peuplements de cette essence reste inexploitée par suite du peu de valeur de son bois et des difficultés de transport. On n'en utilise même pas la faîne, bien que le Japon ait peu d'huile d'aussi bonne qualité que celle qu'elle pourrait fournir.

GROUPE DES ULMACÉES.

Kéaki (*Planera japonica*). — Le kéaki, au contraire, est de tous les bois feuillus celui que les Japonais apprécient le plus; il mérite d'ailleurs toute la faveur dont il jouit. Il conviendrait même d'en tenter la culture forestière en France.

Il se plaît à la fois dans Kiousiou, dans Sikokou et dans Nippon, à la chaleur des versants Est du Pacifique et aux froids des côtes de la mer du Japon, sur le littoral et à des altitudes assez élevées. Dans Kiousiou il s'élève jusqu'à 1,000 mètres à l'exposition nord ; au centre de Nippon il disparaît vers 1,200 mètres à l'exposition du Midi ; on y trouve à 800 mètres d'altitude et à l'exposition du Midi, des futaies naturelles dont les pieds ont 3",40 de circonférence et 13 mètres de hauteur sous branches et font encore des couches de croissance annuelle de 3 millimètres d'épaisseur.

Il semble donc que cette essence soit très-rustique et qu'elle doive être très-répandue. Il n'en est cependant pas ainsi, parce qu'elle exige d'une manière absolue un sol argileux, profond et dans lequel ses racines puissent facilement circuler. Les sables maigres, les argiles grasses et les bancs d'argile compacte, qui composent une si grande partie du Japon, ne peuvent donc pas lui convenir. Elle réussit au contraire très-bien dans les terres d'alluvion du littoral et dans les sables argileux ; mais ce sont là des terrains trop fertiles pour être consacrés à la sylviculture ; ils ne sont appelés à produire que des arbres isolés le long des champs, auprès des maisons et des temples. Elle vient encore très-bien dans les ponces volcaniques, dans les dépôts formés par les torrents à l'entrée des gorges des montagnes, dans les bancs d'argiles rocheuses qui ont subi de profondes dislocations et surtout dans les immenses éboulis qu'on trouve fréquemment au pied de certaines montagnes d'argile compacte ; elle trouve là les conditions de perméabilité et de richesse qui lui conviennent et elle y constitue de très-belles futaies.

On la rencontre plus fréquemment à l'exposition du Nord qu'à celle du Midi (dans Kiousiou, il est même assez rare d'en trouver à l'exposition sud) ; cela tient à ce qu'à cette exposition les jeunes sujets ont moins besoin d'abri et que la nature y répare plus facilement le préjudice que causent les habitants, quand ils y font, selon leur habitude, des coupes à blanc étoc, sans souci de la régénération de la forêt. Il est certain qu'un semblable régime compromet souvent la reproduction naturelle à l'exposition du Midi et que l'essence y devient par suite rare, mais il ne faudrait pas en conclure qu'elle préfère l'exposition du Nord. C'est au contraire à l'exposition sud qu'elle atteint sa plus grande rapidité de croissance, ses plus belles dimensions et son maximum de qualité.

Elle supporte bien le régime des futaies serrées. On la rencontre quelquefois seule en futaie homogène, plus souvent associée au momi (sapin) ou au bouna (hêtre) ou aux deux réunis.

Elle pousse remarquablement droite dans les terrains d'alluvion, même quand elle y est isolée; il en est de même dans toutes les futaies serrées. Elle ne pousse courbe que lorsqu'elle est isolée dans un terrain qui ne lui convient pas complétement ou quand elle se trouve dans une forêt clairsemée et très-accidentée.

Sa croissance dépend beaucoup de la nature du sol. Dans une futaie naturelle serrée, dans des éboulis d'argile rocheuse, en pente escarpée, à l'exposition du Midi, à l'altitude de 500 mètres et à la latitude du Fuziyama, les kéaki atteignent en moyenne 1^m,50 de circonférence au pied à 60 ans, 2^m,75 à 120 ans, 3^m,75 à 180 ans et 4^m,50 à 240 ans, avec des hauteurs de 8 à 12 mètres sous la première branche et des hauteurs totales de 25 à 30 mètres. C'est une croissance trois ou quatre fois plus grande que celle du chêne de France, cependant on l'obtient dans de bien médiocres conditions de terrain. Les arbres isolés qu'on rencontre dans les plaines d'alluvion du littoral ont des croissances encore plus rapides. Les quelques exemples suivants, relevés dans le petit approvisionnement des pièces équarries de l'arsenal d'Iokoska, en donneront la mesure.

AGE DES PIÈCES.	LONGUEUR.	ÉQUARRISSAGE.	CUBE.	CIRCONFÉRENCE approximative au pied avant l'équarrissage.
98 ans	7^m,50	0^m,58 × 0^m,66	2^{mc},871	2^m,90
105 —	8 ,00	0 ,60 × 0 ,90	4 ,320	3 ,20
130 —	8 ,00	0 ,78 × 0 ,95	5 ,928	4 ,70
165 —	7 ,00	0 ,37 × 1 ,40	3 ,626	5 ,25

Il faut observer que ces pièces avaient été tronçonnées courtes pour diminuer les difficultés de leur transport et que, pour la même raison, la dernière avait été débitée en plateau. Il y avait aussi à l'arsenal une pièce dont les couches de croissance annuelle avaient atteint, pendant 18 années consécutives, une épaisseur moyenne de 8 millimètres. Ces résultats sont très-remarquables et dépassent de beaucoup ceux que nous obtenons en France avec nos essences dures: Le chêne des Partisans de Neufchâteau (Vosges) n'a que 6 mètres de circonférence, bien qu'il ait plus de 650 ans, et l'orme de la cour des Sourds-Muets de Paris n'a que 5ᵐ,10 de circonférence à l'âge de 270 ans.

Le kéaki se recommande autant par ses qualités que par la rapidité de sa croissance. Sa résistance atteint presque le double de celle du chêne de Bourgogne; elle dépasse également celle de l'orme, du teak, de l'angélique de la Guyane, de l'acajou de Honduras, de l'acacia, du frêne, etc.; néanmoins ce bois est très-léger, sa densité moyenne n'est que de 0,682, si bien que, de toutes les essences que nous avons éprouvées tant en France qu'au Japon, *c'est celle qui donne la plus grande résistance à poids égal.* (Il n'y a d'exception que pour le *Paulownia imperialis,* bois peu résistant, mais très-léger, sur lequel nous reviendrons.)

Son écorce est fine et peu épaisse. Son aubier est blanc, épais de 0ᵐ,030 à 0ᵐ,040 sur les arbres moyens, et de 0ᵐ,015 à 0ᵐ,020 seulement sur les très-gros arbres.

Ses sections transversales et longitudinales rappellent celles de l'orme, qui appartient, du reste, à la même famille botanique; ses vaisseaux y sont disposés de la même manière en ligne frisées, si bien qu'on le nomme parfois *l'orme du Japon.* Mais ses tissus sont plus maigres, plus cornés, plus onctueux que ceux de l'orme de France; ses nœuds sont plus rares, ses fibres sont plus droites et plus indépendantes les unes des autres. On dirait un orme de Dunkerque possédant le nerf du chêne de Provence.

Bien que l'aspect général de son bois soit celui de l'orme, cependant la manière dont il se comporte au travail, à la chaleur et à la flexion le rapproche plutôt du frêne. Il se laisse courber, de même que ce dernier, avec la plus grande facilité. A Iokoska, on a pu, en l'étuvant, en faire les cintres des tambours des bateaux à roues, les étraves de baleinières, les membrures d'embarcations; on a même réussi à en faire les membrures des bateaux de 200 tonneaux destinés à la rivière de Tokio, qui avaient 0ᵐ,15 d'équarrissage brut et une courbure de 0ᵐ,80 de rayon.

Le kéaki joue peu à l'humidité; cette qualité précieuse, jointe à sa nuance foncée et douce, ainsi qu'au dessin de ses fibres, l'a fait rechercher pour les travaux de menuiserie. Les portes monumentales des principaux yaskis de Tokio étaient faites avec des bois de cette essence; on y trouvait des plateaux larges de 1ᵐ,20 exposés à l'air sans peinture, qui cependant n'étaient ni voilés ni fendus.

Les Japonais l'emploient fréquemment dans la confection de leurs boîtes et de leurs petits meubles de luxe. Le plus souvent alors ils cherchent à donner un vif relief aux dessins qui forment ses vaisseaux ; ils y arrivent en appliquant le vernis *kidji* (voir l'article *Vernis et laques*). Dans d'autres cas, au contraire, ils recherchent un ton foncé et uniforme ; ils l'obtiennent en prenant des bois maintenus dans l'eau ou dans des terrains humides pendant de fort nombreuses années et qui ont pris une couleur analogue à celle des bois de fer.

Ils recherchent surtout les arbres qui ont, accidentellement, une quantité de petites loupes superficielles et très-rapprochées ; ils les débitent de façon à obtenir une série de courbes concentriques ; ces bois, nommés *tamagokéaki* (littéralement : kéaki à œufs), produisent de forts jolis effets, comme on a pu le voir dans les diverses Expositions de Vienne, Philadelphie, Paris, etc. ; malheureusement ils sont fort rares et très-chers.

A toutes ces qualités, le kéaki en joint une autre non moins précieuse, qui est sa longue durée ; celle-ci est attestée de tous côtés. Ainsi, d'une part, les arbres de moins de 150 ans n'ont que des vices très-rares et toujours localisés ; ils ne donnent lieu à aucun déchet notable dans les exploitations, ni à aucune difficulté de recette lors de leur livraison dans les arsenaux. Au-dessus de cet âge, on trouve quelquefois des cœurs échauffés et des vices sérieux propagés à distance, mais seulement dans les cas où les causes de détérioration étaient graves et anciennes. Ces faits démontrent déjà la grande résistance à la pourriture pour les arbres sur pied. On trouve, en outre, en forêt, quantité de pieds abattus par des tourneurs qui en ont enlevé seulement l'aubier et qui ont laissé le cœur pourrir sur le sol ; la longue durée de ces bois abandonnés donne un nouvel indice de la qualité de cette essence. Enfin, les Japonais ont reconnu depuis longtemps que les quelques pièces de kéaki introduites exceptionnellement dans leurs charpentes y avaient duré plus longtemps que tous les autres bois.

Pour toutes ces raisons, le kéaki est le bois feuillu qui tient le premier rang dans l'échelle des qualités parmi tous les bois du Japon ; c'est celui qu'on a recommandé aux Japonais pour la construction de leurs navires de guerre et pour tous les travaux industriels qui exigeraient le chêne en Europe. Il faut le mettre également au-dessus de toutes nos essences d'Europe ; on ne saurait trop recommander d'en tenter la culture forestière en France.

DEPOST.   4

.A côté de ces qualités, il faut noter que le kéaki renferme une huile empyreumatique dont l'odeur désagréable exclut ce bois de la confection de tous les récipients destinés à contenir des liquides et qui en proscrit même l'emploi comme bois de chauffage de luxe.

Hénoki (Celtis sinensis). — Le hénoki est de la même famille que l'orme et que le kéaki, mais il n'a pas leurs qualités. Il recherche encore plus que le kéaki la chaleur, l'humidité, les terres profondes et surtout les sols légers ; il est remarquablement vigoureux dans les sables cultivables. On le rencontre fréquemment auprès des habitations, mais très-rarement en forêt. Dans les sables du littoral, il atteint facilement 1^m,40 de circonférence au pied à l'âge de 20 ans, malgré les émondages qu'on lui fait parfois subir. Ses racines tracent beaucoup ; elles n'ont pas de pivot. Il paraît s'élever jusqu'à la même altitude que le kéaki. Son bois est blanc, léger, spongieux ; il n'a que 0,55 de densité ; son apparence est grasse, sa cassure médiocre, sa résistance faible. Il pourrit facilement, même sur pied.

Il y a trop de bons bois au Japon pour y recommander l'emploi de celui-là ; on pourrait cependant l'employer, à cause de ses jolies veines, dans la confection de menus objets qui ne seraient jamais exposés aux intempéries de l'atmosphère. Nous reviendrons plus tard sur l'emploi de ses fruits.

Moukou (Homoioceltis aspera). — Le moukou appartient encore à la même famille que l'arbre précédent et a les mêmes exigences ; comme lui, il aime les terres fraîches et légères, ainsi que la chaleur ; il est également peu répandu en forêt. Son bois est, dans une certaine mesure, plus homogène, plus dense, plus résistant et plus durable que celui de l'hénoki. Ce n'est encore, en somme, cependant, qu'une médiocre essence, mais sa nuance est foncée ; elle atteint parfois, sur certaines billes, un ton assez accentué pour qu'on puisse employer ce bois au lieu et place de l'acajou de Honduras. Il est souvent traversé par des flammes noires ou grises qui lui donnent un certain cachet ; il est apte, dans ce cas, à faire de belles menuiseries, d'autant plus qu'il supporte bien le vernis. Malheureusement, ce sont des qualités qu'on ne rencontre que sur un petit nombre de pièces.

Ses feuilles servent à poncer les menuiseries, et ses fruits sont comestibles.

Akatamo (Ulmus campestris, orme). — L'arsenal d'Iokoska a reçu d'Yéso des bois nommés *akatamo* (littéralement : tamo rouge) par les

Japonais et *tikiréyani* par les Aïnos. Leur texture et les rameaux garnis
de feuilles qui les accompagnaient les ont fait classer comme de véritables ormes champêtres graveleux. Ils étaient de bonne qualité, bien
qu'enclins à avoir le cœur échauffé, ce qui est un défaut commun à
tous les bois d'Yéso. On signale également cette espèce dans Nippon,
mais elle y est fort peu répandue.

Chicoro (*Ulmaceæ*). — L'arsenal a reçu également d'Yéso des bois
jaunes dont la texture se rapprochait assez de celle des ulmacées ; on
les nommait *chicoro*. Il en avait reçu déjà d'identiques de la province
de Sagami, sous la désignation de *k'ski* ; ils étaient d'une qualité inférieure au kéaki, mais ils s'en écartaient peu. Les charpentiers les
appelaient *kiwada*, à cause de la similitude de leur couleur avec celle
du bois jaune qui porte ce dernier nom.

GROUPE DES LAURACÉES.

Kssou (*Laurus camphora*, camphrier). — Le kssou est l'arbre dont on
extrait le camphre au Japon et que, pour cette raison, les Européens
appellent vulgairement *camphrier*.

Il fuit les côtes occidentales de la mer du Japon, qui sont exposées
au vent glacial du Nord ; il recherche, au contraire, les côtes orien-
tales exposées au Midi et à l'action des vents tièdes du Pacifique.
Sa véritable région est limitée aux îles Kiousiou et Sikokou. Il paraît
bien dans le Sud de Nippon, mais peu vigoureux et pauvre en camphre,
d'ailleurs il y est fort rare ; on le trouve encore spontané dans certaines gorges de la presqu'île d'Idsou exposées au Sud et défendues
des vents du Nord par des accidents de terrain ; il ne dépasse pas cette
région. Sa limite de végétation nord est ainsi un peu au-dessous de
celle de l'oranger, mais elle en est assez rapprochée. Elle le serait
même davantage si les dimensions du kssou ne le privaient pas de
l'abri que l'oranger trouve facilement partout, grâce à sa petite taille,
car les deux essences paraissent être sensiblement sur le même pied
comme rusticité. Toutes deux craignent également les gelées printanières.

Il recherche le littoral, les gorges bien exposées ; il ne souffre jamais de la chaleur au Japon, pourvu que le sol soit un peu humide ;
il s'annonce comme pouvant supporter des climats plus chauds. On en

essaie actuellement l'acclimatation en Cochinchine. Sa limite supérieure d'altitude, dans le Sud de Kiousiou, est 150 mètres pour les versants exposés au Nord et 400 mètres pour ceux exposés au Midi, dans les meilleures conditions.

Il lui faut un terrain argileux qui soit en même temps très-perméable. Les éboulis des roches argileuses au pied des montagnes lui conviennent à merveille; de même, les rives d'un cours d'eau quand le sol est de bonne qualité, etc. C'est dans ces conditions qu'il se reproduit spontanément et qu'il a la plus rapide croissance. Elles sont malheureusement difficiles à remplir; aussi l'essence est-elle assez rare, d'autant plus que les Japonais l'ont beaucoup exploitée depuis dix ans, à tel point que le Gouvernement a cru devoir interdire récemment l'extraction du camphre. Le mal se réparera promptement pour peu qu'on s'en occupe, parce que le kssou produit quantité de graines qui germent facilement et que l'essence pousse avec une rapidité plus grande que celle des espèces déjà passées en revue.

Sa croissance est naturellement plus lente dans Idsou, et ceux de ces arbres qui y sont contrariés par la nature ingrate du sol y acquièrent souvent un tissu compacte et ronceux qui est utilisé, avec beaucoup de succès, par les fabricants de meubles d'Atami et des environs de Hakoné.

Grâce à leur puissance de végétation, les kssou atteignent des dimensions colossales. Dans la province d'Idsou, on en trouve déjà qui mesurent $0^m,50$ de circonférence au pied; dans Kiousiou, ils dépassent facilement ces dimensions; Sieboldt en a trouvé qui avaient près de 17 mètres de circonférence au pied. Toutefois, ils n'atteignent pas d'ordinaire ces fortes dimensions sans être partiellement creux.

Son bois est léger, assez lié; ses sections présentent des veines irrégulières et irisées qui produisent un assez joli effet. Dès qu'on le travaille avec un outil quelconque, scie, ciseau, herminette ou rabot, il dégage une vive odeur de camphre qu'on retrouve encore en froissant les feuilles de l'arbre. Il a une résistance moyenne. Les données inscrites au tableau ci-annexé se rapportent aux qualités grasses de la province d'Idsou et indiquent en quelque sorte la résistance minimum de l'essence.

Sa durée a été très-controversée. Les bois employés en Chine sous le nom de camphrier ont donné de fort mauvais résultats et ont une réputation détestable; c'étaient des camphriers provenant du littoral de la

Chine ou de Formose. Il n'est pas très-certain que tous ces bois provinssent des *Laurus camphora*; dans tous les cas, ils n'étaient pas d'origine japonaise. Du reste, les kssou de la province d'Idsou sont eux-mêmes bien gras et inspirent une médiocre confiance. Les Japonais vendent souvent en outre, sous le nom de kssou, beaucoup de bois de la famille des lauracées qui sont plus ou moins odorants, qui abondent au Japon et qui sont en général de mauvaise qualité, tels sont les tamakssou, inoukssou, etc. Il n'est donc pas surprenant qu'au Japon même on ait déjà eu quelques mécomptes. Mais pour juger l'essence, il faut l'observer au centre de sa région d'habitat, c'est-à-dire dans Kiousiou et dans Sikokou, et ne s'en rapporter qu'à des données certaines. Or, nous avons observé, lorsqu'on démolissait l'enceinte du château de Koumamoto, de très-gros arbres de diverses essences hénoki, moukou, kssou, kéaki, ayant tous perdu depuis longtemps quantité de maîtresses branches et soumis par suite depuis lors à de graves causes de destruction ; les hénoki et les moukou étaient fortement atteints, les kssou l'étaient peu, les kéaki l'étaient encore moins ; les kssou avaient beaucoup mieux résisté que ne l'auraient fait nos résineux d'Europe; ils s'étaient comportés comme des chênes de Bourgogne. Quantité d'autres indices analogues ont établi la résistance à la destruction de l'arbre quand il est encore sur pied.

En ce qui concerne les pièces de charpente, nous avons vu dans Kiousiou des pièces équarries exposées à toutes les intempéries de l'air depuis 8 ans et qui étaient encore assez saines, puis des chalands et des jonques déjà anciennes ayant des membrures en kssou assez bien conservées ; de plus, nous avons sondé un petit bateau à vapeur, le *Tiyodagnata*, construit à Nangasaki depuis 12 ans, dont l'ensemble de la membrure en kssou était en très-bon état ; enfin, la charpente de la toiture de la citadelle du château de Koumamoto est en kssou; elle date, dit-on, de 250 ans et est encore bien conservée. Tous ces faits prouvent que le vrai kssou n'est pas, comme on a voulu le dire, un bois détestable qui pourrirait en deux ou trois ans; ils montrent qu'en choisissant des bois de bonne qualité on peut obtenir d'assez longues durées.

Ce point est important, attendu qu'il est facile de se procurer des pièces de camphrier de dimensions colossales, droites ou courbes, et qu'on peut, par conséquent, les employer dans tous les travaux publics quand il est nécessaire d'avoir des dimensions plus grandes que celles des kéaki, des kachi et des kouri.

Actuellement, les Japonais n'en font que de la menuiserie. Son bois est veiné, irisé ; on en trouve même des pièces mouchetées ; ces dernières sont les plus appréciées. Les Européens en font des malles qui ont la réputation de préserver les vêtements contre les mites.

Tout cela n'occasionne qu'une consommation bien minime de ces bois. La véritable utilisation de cette essence est actuellement l'extraction du camphre. (Voir pour cette opération l'article *Camphre*.)

Laurinées diverses. — Le Japon possède quantité d'autres laurinées, mais toutes sont inférieures au kssou. L'essence qui s'en rapproche le plus dans Nippon est le *tamakssou* (*Cinnamomum pedunculatum*); elle atteint difficilement, à Iokoska, 20 mètres de hauteur; ses feuilles ont une forte odeur aromatique, son bois est d'ailleurs de qualité inférieure; on l'appelle aussi *mekssou* (littéralement : kssou femelle).

Le *nikkei* (*Cinnamomum Loureirii*) rappelle beaucoup le précédent, mais ne se trouve pas spontané aux environs de Tokio.

Le *yaboukssou* (littéralement : kssou des broussailles, *Litsea glauca*) y est au contraire abondant à côté des camélias et des bambous, à l'ombre des rideaux d'arbres du littoral. C'est une essence très-rustique, mais dont on ne tire que du bois de chauffage ; on peut en recommander la culture en Europe comme arbuste d'ornement. Ses feuilles ont la face inférieure veloutée et une jolie nuance argentée ; les paysans le nomment parfois *kinominoki* ou *kssou-oki*.

Ces trois espèces n'atteignent pas à Iokoska leurs dimensions normales ; leur véritable région d'habitat est évidemment plus basse. Le *oki* (*Machilus Thunbergii*) y pousse au contraire avec une rare vigueur il aime les sables argileux profonds du littoral, ainsi que l'exposition chaude ; il est abondant auprès des temples et des maisons et y atteint des dimensions colossales ; malheureusement son bois est de mauvaise qualité. Sa rapide croissance, son beau port, son puissant ombrage et surtout sa rusticité le recommandent aux horticulteurs français.

On trouve enfin dans tout Nippon de nombreux lindera qui ne figurent ici que pour mémoire, vu leur petite taille ; le *kouromodji* (*Lindera sericea*) sert à la fabrication d'excellents cure-dents.

La série des laurinées est encore plus étendue dans Kiousiou, principalement dans Fiouga ; elle y domine non-seulement dans la plaine mais encore sur les montagnes. Malheureusement, ces arbres, auxquels on donne le nom collectif de *tabou*, sont de mauvaise qualité; la plupart ne durent pas plus que des segni, ce sont des essences tout à fait secondaires. On y remarque principalement : le *sencotabou*, dont les feuilles sont très-aromatiques; le *kourotabou*, dont l'écorce donne un parfum apprécié; le *keichitabou*, dont le bois est rouge et paraît résister assez bien à la pourriture.

ARBRES ET ARBUSTES DIVERS.

Ayant ainsi étudié les trois principaux groupes d'essences reliés par des caractères communs bien caractérisés, il nous reste à passer en revue un nombre considérable d'arbres et d'arbustes que nous prendrons successivement dans l'ordre de leur importance.

Issou (Distylium racemosum). — Il faut placer au premier rang parmi les bois de charpente celui que les Japonais du Centre et du Nord nomment *issou* et que ceux du Sud appellent *ioussou*. Il est peu répandu dans le Japon; on n'en cite qu'un seul arbre cultivé à Tokio et on n'en trouve de forêts importantes que dans la province de Fiouga. Cette essence y apparaît vers 600 mètres d'altitude, au milieu des tabou et des kachi; elle y est encore très-vigoureuse à 1,000 mètres. Elle aime l'exposition du Midi et les argiles rocheuses. Elle atteint facilement 3 mètres de circonférence et 12 mètres de hauteur sous branches. Ses dimensions sont comparables à celles de nos chênes de France. Son bois est homogène, compacte, dur et raide; sa densité est considérable; sa couleur est chocolat. Il a toutes les qualités du cormier d'Europe avec de plus grandes dimensions; on pourrait l'appeler le bois de fer du Japon.

Sa durée est des plus remarquables. Pour n'en citer qu'un exemple, nous avons trouvé un de ces arbres situé sur le faîte d'une montagne escarpée et déraciné par le vent; sa tige était inclinée à 45° au-dessous de l'horizon; sa motte avait formé une butte à arête aiguë, sur laquelle un akamatsou avait pris naissance. Les 19 verticilles de ce pin attestaient que l'issou était déraciné depuis 20 ans au minimum; malgré ce long laps de temps, l'aubier seul était pourri; il avait presque disparu, mais le cœur de cet arbre mort était absolument sain, aussi bien celui des branches que celui du fût.

Ce bois est naturellement désigné pour être mis sous la cuirasse des bâtiments blindés que le Japon pourrait construire un jour et pour tous les travaux qui exigent à la fois la durée et la résistance. Il con-

vient encore à merveille pour la confection des bois de rabot, des cou-
lisses de table à manger, des dents d'engrenrge, des vis, des écrous
des chevilles, et en général de tous les objets soumis à des causes
d'usure fréquentes. Les habitants de Kagosima emploient les cendres de
son écorce pour la fabrication de leur porcelaine.

Les forêts où cette essence remarquable règne actuellement sont
très-peu nombreuses ; il ne faut pas désespérer cependant de sa propagation. Il est en effet certain que nulle part on ne s'est occupé de la
multiplier ni même de la conserver ; cependant elle existe dans Sikokou, dans Sagami ; on la signale également dans deux îles voisines
d'Idsou. Il est donc permis de penser qu'avec des soins on réussira à
reproduire cette espèce précieuse dans un grand nombre de provinces.

Tonérico (*Fraxinus longicuspis*, frêne). — Les Japonais nomment
leur frêne indifféremment *chiozi* ou *tonérico*. Cette essence résiste
bien à tous les climats ; on la trouve depuis le Sud de Kiousiou, où elle
est associée avec le kssou, jusqu'au Nord de Nippon, où elle accompagne
les kéaki, mais elle semble exigeante comme terrain et comme altitude. Elle aime une terre riche et perméable ; elle paraît fuir les ponces
volcaniques et les bancs d'argile rocheuse dont le kéaki se contente
fort bien. On en trouve fréquemment de jeunes sujets dans les argiles
du littoral ; ils n'y dépassent guère les dimensions des taillis. Il leur
faut, pour devenir des arbres, une altitude presque aussi élevée qu'aux
nara. Les existants actuels sont venus spontanément ; ils sont répartis
ainsi qu'il suit entre les diverses provinces :

Kotské (ken de Koumagaï)	89 p. 100 de l'existant total.
Chinano (bassin de Kissognawa). .	7
Fiouga	1
Isé, Rikouzen, Rikouthiou, Kaï et } Mikawa . . . . }	3
	———
	100

Son bois rappelle exactement le frêne d'Europe ; il est seulement
parfois un peu plus foncé ; il a la même résistance et il est apte à rendre
les mêmes services.

L'arsenal d'Iokoska en fait des avirons, des cercles de voiles auri-
ques ; nous avons vu qu'il lui préfère le kéaki pour les membrures
d'embarcations.

On a signalé au Japon deux autres variétés de frêne ; il est probable
que leurs bois ont les mêmes qualités et sont mêlés avec ces derniers
dans les approvisionnements. Les Japonais nous ont aussi présenté parfois, sous le nom de *chiozi*, des bois qui n'étaient pas évidemment des
frênes et qui paraissaient être plutôt des acanthopanax.

Katsoura (Cercidiphyllum japonicum). — Le katsoura est un arbre
des régions élevées. Il est fort rare d'en rencontrer au Sud de Kiousiou
à l'exposition du Midi ; il y apparaît sur les versants nord, vers 700 mètre d'altitude. Au centre de Nippon, on en trouve à l'exposition sud, dès
900 mètres, dans des forêts très-denses, encore n'y est-il pas abondant ;
il est au contraire fréquent à l'exposition nord dans la région des hinoki du bassin de Kissognawa. On le rencontre surtout dans certaines
parties élevées de la province de Rikouthiou, au Nord de Nippon. Ses
terrains de prédilection sont l'argile rocheuse fissurée et les ponces
volcaniques.

Sa croissance est extrêmement rapide ; de gros arbres, situés dans
des forêts serrées et dans de hautes altitudes, font encore des couches
annuelles de 5 millimètres d'épaisseur. Placé dans de bonnes conditions, il atteint facilement 4 mètres de circonférence au pied et 35
mètres de hauteur totale. Son port rappelle celui du kéaki.

Sa couleur est rouge clair, assez agréable et permet de l'employer
comme bois de menuiserie. Ses grandes dimensions et sa résistance le
rendent également propre aux travaux de charpentage qui n'exigent
pas une grande durée.

Il appartient à la famille des magnoliacées, il a, comme tous les
arbres de cette famille, un feuillage *sui generis* ornemental. Il est fâ-
cheux qu'il ne réussisse pas facilement dans les jardins du littoral.

Hô (Magnolia hypoleuca). — On rencontre dans tout le Japon, depuis
Kiousiou jusqu'à Yéso, un magnolia nommé hô (*Magnolia hypoleuca*).
Ses feuilles ont à l'état normal 0m,20 à 0m,25 de longueur et presque
le double sur les jeunes sujets vigoureux ; elles possèdent une nuance
verte très-gaie. Ses fleurs sont encadrées dans d'immenses verticilles
de feuilles et dégagent un parfum d'ananas persistant. Son écorce est
blanchâtre. Ses branches sont fortes, étalées, peu ramifiées et peu gar-
nies. Son couvert est très-faible. L'ensemble attire l'attention de loin
et produit un grand effet, surtout quand il y a un pied isolé au milieu
d'un massif d'arbres verts. Il est plus ornemental que le *Magnolia grandiflora* cultivé en Europe.

Il n'est pas abondant et ne domine nulle part. Il recherche l'exposition du Midi, les altitudes moyennes et surtout un sol léger et frais; les sables un peu argileux lui conviennent très-bien ; on le trouve toujours associé au châtaignier (kouri), mais il est plus exigeant sur la nature du sol. Il ne paraît pas là où le kouri vit pauvrement. Cependant on le cultive avec succès dans les jardins du littoral pour peu que leur sol soit sablonneux.

Ses principaux peuplements sont dans les provinces de Chinano, Hida, Chitathi, Rikouzen, Rikouthiou, Iwathi et Moutsou. Il atteint 3 mètres de circonférence au pied et une hauteur proportionnée.

Son bois est léger ; il possède une remarquable homogénéité ; il joue peu à l'humidité ; il a une nuance brune, claire, douce et agréable. Il se vernit très-bien et il est appelé à prendre une place importante dans les travaux de menuiserie et d'ébénisterie. Certains pieds donnent des bois irisés d'une grande richesse de tons qui placent le hô en tête des bois de menuiserie de luxe. Les Japonais en faisaient les fourreaux de leurs sabres et de leurs lances; ces fourreaux étaient légers et devaient se fendre d'eux-mêmes au premier coup, de façon qu'un Samouraï, surpris par un ennemi, pût se défendre sans se donner la peine de dégaîner; la finesse de son grain et son homogénéité le rendent propre à cet emploi. On en fabrique également des guettas et des planches pour tailleurs. Les Japonais l'employaient fort peu dans leurs travaux de menuiserie; ils commencent à l'apprécier davantage depuis qu'ils voient l'effet que les Européens en ont su tirer. Son charbon est très-estimé pour le chauffage des chibachi; sa cendre est presque blanche. C'est une essence précieuse qu'il convient de propager.

Kouwa (*Morus alba*, mûrier). — Les Japonais distinguent quatre variétés de mûrier. La plus importante est le *maroubakouwa* (littéralement : mûrier à feuilles rondes), qu'on cultive pour élever les vers à soie et sur lequel nous reviendrons en étudiant la production de la soie; puis vient le *yamakouwa* (littéralement : mûrier de la montagne), qui est la qualité sauvage de l'espèce précédente et dont la feuille est petite et profondément déchiquetée. Ces deux variétés restent toujours à l'état d'arbustes ; elles sont très-répandues et se plaisent principalement dans les terrains sablonneux.

On rencontre, en outre, en forêt deux autres mûriers qui atteignent de très-grandes dimensions. L'un, l'*obakouwa* (littéralement : mûrier à grandes feuilles), atteint 2ᵐ,50 à 3 mètres de circonférence et se rencontre dans Fiouga, dans Tango et dans l'île d'Osima, à l'entrée du golfe d'Yédo. Son bois est jaune clair, de nuance homogène; il est peu sensible aux variations hygrométriques; il a une ligne de gros vaisseaux à la séparation de chaque couche de croissance annuelle et quantité d'autres vaisseaux disséminés dans l'intérieur des couches; ses mailles donnent de jolis reflets irisés dans les coupes longitudinales; il se vernit bien et constitue un excellent bois de menuiserie. L'autre est le *chimakouwa* (littéralement: mûrier petit); ses feuilles et ses fruits sont plus petits, l'arbre lui-même est de plus faible taille, son bois est plus dur et est sillonné par des veines noires qui lui donnent un caractère spécial; on en trouve dans l'île d'Atidjo, sur le littoral de la province d'Idsou. On emploie ces deux variétés à la confection de divers travaux de menuiserie, de petits meubles, d'objets sculptés; on en fait également des arcs, des baguettes à manger, enfin des objets sur lesquels on met des dessins en laque d'or qui ressortent sur le fond jaune du bois; on se contente alors de les huiler ou de leur donner un ton un peu foncé à l'aide du *sechimé* ou du *kidji* (voir l'article relatif aux vernis et aux laques). Enfin, leur écorce sert pour médicament et pour teinture.

Il est probable que ces quatre variétés ne sont que quatre qualités d'une seule et même espèce d'arbre, qui doivent leurs différences aux conditions dans lesquelles elles vivent.

Sakoura (*Prunus pseudocerasus*, cerisier). — Le cerisier (en Japonais, *sakoura*) se rencontre dans les montagnes argileuses du Sud de Kiousiou, à l'exposition nord et à l'altitude de 700 à 1,000 mètres, associé au kéaki, au katsoura et au bouna; on le trouve dans Kii, dans des conditions identiques, à l'altitude de 600 mètres; sa zone d'habitat s'abaisse dans les provinces du Nord, telles que Nambou et Chimotské.

Il paraît d'ailleurs s'y mieux convenir. Toutefois, comme c'est un bois de prix, on le coupe trop souvent pour qu'il soit abondant, et la grande majorité de l'existant est reléguée dans les forêts presque inexploitées de Chinano; il y atteint 3 mètres de circonférence sur 15 mètres de hauteur totale. Ses fruits sont trop amers pour être réputés comestibles.

Son bois est léger, homogène; il possède une belle couleur rouge, il prend au vernis un ton très-riche. On le recherche pour la menuiserie et surtout pour les planches de gravure et d'impression sur bois, ainsi que pour les sceaux et pour les cachets. Son charbon est très-apprécié pour le chauffage des chibachi. Son écorce fine et blanche est souvent employée à maintenir les couvercles des boîtes de gâteaux, à couvrir les poignées de sabres, à faire des étuis de pipes et quantité d'autres menus travaux.

On trouve, en outre, en forêt quelques variétés peu représentées ; leurs bois ont toujours les mêmes qualités générales que celui du vrai sakoura, mais ils sont généralement de nuance plus claire ; les marchands les appellent alors *midsoumésakoura* (littéralement : sakoura à fibres serrées.)

Les Japonais en cultivent enfin plusieurs variétés à fleurs doubles en général très-belles ; l'une, entre autres, nommée *chidarésakoura* (littéralement : cerisier pendant) a ses rameaux pendants comme ceux d'un saule pleureur et est très-ornementale. La floraison du sakoura est un véritable événement pour la capitale ; chaque habitant va l'admirer sur une promenade bordée d'arbres de cette essence qui longe la rivière. Il y a ensuite des fêtes semblables à propos de la floraison des pruniers, des pêchers et des glycines ; il existe enfin une cinquième fête de ce genre à l'automne, quand les momizi prennent leurs belles nuances pourpres ; mais aucune d'elles n'a autant d'importance que la fête des sakoura. Cette prédilection, au premier abord, étrange aux yeux des Européens, est justifiée à un certain point de vue : les fleurs naissent avant les feuilles ; elles sont très-nombreuses, très-grandes, très-belles ; elles ressemblent souvent à de petites roses blanches ; elles constituent un massif compacte, qui ne manque pas de grâce et sous lequel l'arbre disparaît complétement. Aussi les Japonais mettent des sakoura dans tous leurs jardins, auprès de leurs temples et de leurs lieux de plaisir, le long de leurs promenades ; ils en représentent dans leurs tableaux ; ils en font également des arbres miniature pour orner leurs appartements, et, à défaut d'arbres, ils aiment en avoir sous leurs yeux des branches en fleurs. Quelques-unes de ces variétés ont une odeur suave.

Momidzi (Acer polymorphum, érable). — Les érables sont très-abondants au Japon, les auteurs de l'*Enumeratio plantarum* en comptent vingt-deux espèces différentes spontanées, non compris les variétés cultivées. La plus répandue est le momidzi (*Acer polymorphum S et Z ; A. palmatum* Thunb.). Ses feuilles sont palmées et présentent une série de formes très-étendues ; elles prennent à l'automne des nuances rouges très-riches. Les arbres sont de petite taille ; les plus grands atteignent 1m,80 de circonférence au pied et 12 mètres de hauteur totale, dont 3 à 4 mètres seulement sous branches. Le lot principal est dans la province de Chinano ; le momidzi y vit associé aux nara, aux kouri, aux katsoura et aux momi ; comme ses voisins, il se plaît dans l'argile et dans les régions froides. Il est assez rustique et se rencontre par suite plus ou moins vigoureux dans toutes les parties du Japon, depuis Kiousiou jusqu'à Yéso.

Son bois est lourd, homogène, très-résistant, de nuance claire ; il présente de petites facettes brillantes suivant le plan de ses mailles ; il est fin, il se polit facilement et il se vernit bien. C'est un bon bois de menuiserie. Le peu qu'on consomme actuellement à Tokio vient des provinces de Kaï, Idsou et Nambou. On en trouve souvent des billes frisées dans les arrivages de cette dernière provenance.

L'arsenal d'Iokoska a reçu d'Yéso quelques billes d'un bien bel érable moucheté ; elles étaient étiquetées momidzi ; cependant les feuilles spécimen qui y étaient annexées indiquaient que c'était un érable autre que l'*Acer palmatum* et que l'*Acer polymorphum*.

Les Japonais ont créé un très-grand nombre de variétés d'érables cultivés ; la plupart dérivent de l'*Acer palmatum*. Les unes se recommandent par la finesse et la délicatesse de leur feuillage, les autres par la richesse de tons rouges qu'elles prennent en naissant et que quelques-unes conservent plus ou moins vifs pendant toute l'année ; toutes donnent des massifs de feuillage remarquables et prennent à l'automne les nuances les plus vives et les plus variées. Toutes ces variétés cultivées se multiplient le plus souvent par greffe.

On rencontre en outre en forêt un érable de beaucoup plus grandes dimensions, que les indigènes appellent *kaédé* et qui, d'après la nomenclature de MM. Savatier et Franchet, serait l'*Acer japonicum* ou l'*Acer micranthum*.

L'arsenal d'Iokoska a reçu également d'Yéso des bois nommés *itaya*, qui avaient une belle résistance et qui paraissaient être également des érables.

Assada. — Il a reçu aussi d'Yéso un beau bois rouge, nommé *assada*, léger, très-résistant, ayant d'assez belles dimensions, se polissant et se vernissant bien, dont on a fait de belles menuiseries.

Kaki (Diospyros kaki). — Le koki du Japon (*Diospyros kaki*) a de très-nombreuses variétés cultivées pour leurs fruits. L'espèce sauvage, dite *yamakaki*, donne un bois lourd, compacte, à fond blanc sillonné par des veines noires foncées, très-irrégulières. Le plus souvent celles-ci sont rares et peu développées ; il y a, au contraire, certains sujets chez lesquels elles dominent : le bois est alors appelé *kourokaki* (littéralement kaki noir) ; sa nuance est foncée et rappelle l'ébène. Il est alors très-recherché pour faire des chibachi et mille petits travaux de menuiserie. Bien qu'il soit compacte et homogène, il s'échauffe facilement quand on le laisse exposé aux intempéries de l'atmosphère ; sa résistance est faible ; ses fibres sont en outre le plus souvent torses ; enfin ses dimensions n'atteignent jamais celles du poirier de Normandie. Sa seule qualité est sa marbrure naturelle.

Kouroumi (*Juglans mandshurica*, noyer). — On rencontre bien rarement le noyer (*kouroumi, juglans mandshurica*) en forêt ; on le trouve plus souvent auprès des maisons et le long des chemins, mais toujours en très-petite quantité. Il recherche les provinces froides de Chinano, Kaï, Dewa, Kotské et Moutsou ; il y atteint 2 mètres de circonférence à la base. Son bois rappelle celui du noyer d'Europe (*Juglans regia*), mais ses veines sont moins accentuées. On l'employait autrefois pour faire des affûts de canon et quelques menus meubles. Ses fruits sont petits et ne valent pas ceux d'Europe ; on en extrait une bonne huile. Les charpentiers frottent avec ses amandes les bois qu'ils veulent huiler.

Le noyer d'Europe existe lui-même en différents points du Japon, notamment au lac Suwa, mais en petite quantité. Il ne se montre ni dans Kiousiou ni sur le littoral de Nippon ; il supporte moins facilement la chaleur que le *Juglans mandshurica*.

Chian-Chin. — Le chian-chin habite les provinces de Tango, Tamba, Tazima, etc.... Il n'est pas certain qu'il y soit spontané, on ne le rencontre pas à Tokio. Ses feuilles sont divisées comme celles du noyer ; elles ont, paraît-il, l'odeur de l'oignon et, bouillies, elles servent de nourriture aux bonzes dans certains jours d'abstinence. Les bois qu'on vend sous ce nom ont une odeur agréable et une nuance jaune fauve, dorée, agréable, qui fonce par le vernis ; leur section est criblée de vaisseaux régulièrement distribués dans toute la masse et obstrués de matières blanchâtres ; elle est un peu huileuse et rappelle celle des bois exotiques et en particulier celle du teak. On en trouve parfois des billes de 0ᵐ,60 d'équarrissage.

Kemponachi (*Hovenia dulcis*). — Le kemponachi (*Hovenia dulcis*) est peu répandu ; on le rencontre dans le voisinage des habitations dans Kiousiou aussi bien que dans Nippon, mais sa région d'habitat paraît être au Nord du Fuziyama. Il préfère les sables aux argiles compactes et atteint 2^m,50 de circonférence au pied sur 15 mètres de hauteur totale. Son bois est léger et assez homogène, sa couleur est fauve foncée ou vieux chêne, ses vaisseaux sont nombreux et condensés dans la zone de printemps de chaque couche de croissance annuelle. On l'apporte à Tokio en planches et en madriers qui atteignent jusqu'à 0^m,60 de largeur. On l'emploie à la confection de quelques meubles de luxe, mais en très-petite quantité ; le prix en est assez élevé, comme cela a lieu pour tous les objets dont l'usage n'est pas courant.

Les pédoncules de ses fruits sont comestibles, on leur donne par suite dans certaines localités le nom de *dzokounachi* (littéralement : poirier commun).

Sendan (*Melia japonica*). — Le bois de sendan est assez léger, sa couleur est brique foncée, ses vaisseaux sont condensés dans la zone de printemps de chaque couche de croissance annuelle à la façon du kouri. Sa croissance est extrêmement rapide ; on rencontre des pièces dont l'épaisseur des couches annuelles dépasse 0^m,030. Il résiste peu à une exposition prolongée à l'air ; sa durée est cependant suffisante pour permettre son emploi dans les menuiseries abritées, alors même que, selon l'usage, elles ne sont ni vernies ni peintes. Dans Kiousiou on en fait les caisses des tambours indigènes ; ceux-ci sont toujours formés d'un tronc d'arbre creusé intérieurement dont on recouvre chaque extrémité avec une peau rabattue et clouée.

Le sendan est abondant dans les terres sablonneuses cultivées du littoral, principalement dans le Sud de Kiousiou ; on l'y trouve associé au hénoki et à l'arbre à cire (Hazé, *Rhus succedanea*) ; il y atteint de grandes dimensions. Il est encore vigoureux aux environs de Tokio ; il résiste bien aux froids. Il produit à la fin du mois de mai de nombreux bouquets de fleurs dont la forme d'ensemble, la couleur et l'odeur rappellent le lilas d'Europe.

Sarroussoubéri (*Lagerstrœmia indica*). — Les *sarroussoubéri* (littéralement : singes glissants) doivent leur nom à leur belle écorce rouge, unie et glissante ; on les nomme encore *yakoudjikou* (littéralement : les cent jours rouges), probablement à cause de la longue durée de leurs belles fleurs rouges. Ils viennent comme sous bois dans les futaies clairsemées ; ils y sont associés le plus souvent aux kéaki, aux bouna et aux momi. Ils atteignent 2 mètres de circonférence et 15 mètres de hauteur. Les Japonais n'apprécient que les qualités décoratives de leur écorce; ils évitent de les scier et emploient leurs billes brutes comme montants ou comme poutres dans leurs appartements. Ils confectionnent aussi parfois des chibachis ou d'autres petits meubles avec des troncs de cette essence ayant conservé leur écorce adhérente. Leur bois n'est pas cependant dépourvu de qualités : il est léger, homogène, dur et de nuance claire ; il pourrait servir à maints usages surtout en ébénisterie, d'autant plus qu'on en trouve fréquemment des billes mouchetées, aussi jolies que l'érable moucheté d'Europe. Les Japonais l'utilisent encore pour la confection des robinets de leurs tonneaux indigènes.

Mokkokou (*Ternstrœmia japonica*). — La liste des bois de menuiserie proprement dite est close; celle des bois fins représentés en Europe par le cormier et le poirier comprend en premier lieu l'issou, précédemment étudié, et en second lieu le mokkokou (*Ternstrœmia japonica*). Cette seconde essence habite dans Kiousiou à côté de la première; on l'y nomme *boukouioussou*. On la plante fréquemment auprès des temples des environs de Tokio, parce que ses fleurs, ses fruits, ses pétioles et même quelques-unes de ses feuilles ont une jolie nuance rouge qui rend l'arbre très-ornemental ; il n'y paraît pas souffrir des gelées. Il atteint environ 20 mètres de hauteur dans les éboulis ou remblais d'argile. Son bois rappelle celui de l'issou ; il est aussi fin, aussi homogène, mais moins dense, moins dur, moins coloré et moins résistant. On ne pourrait guère l'employer, de la même manière que l'issou, aux travaux de grande charpente, parce que ses dimensions ne le lui permettraient généralement pas ; par contre, sa nuance un peu claire le rendrait plus apte aux travaux de petite charpente décorative et de menuiserie si sa dureté n'en rendait pas le travail coûteux.

On en fait d'excellents peignes, des rabots et en général tous les objets que l'Europe confectionne en cormier.

Kobahi (*Prunus?*), *nanakamodo* (*Pyrus sambucifolia*). — L'issou est bien supérieur au cormier d'Europe, le mokkokou lui est égal. Au-dessous de ces deux essences nous trouvons le *kobahi* (*Prunus*), qui vaut presque le poirier de France, puis le *nanakamodo* (*Pyrus sambucifolia*), qui lui est notablement inférieur et qui se rapproche davantage de l'alisier.

Tissanoki, goumi (*Elœagnus divers*), *sakaki, midsouki*. — On trouverait encore au Japon de nombreuses essences donnant des bo... le constitution similaire, mais ils seraient alors de dimensions moind. s et devraient être comparés aux cornouillers, aux micocouliers, au sorbiers, etc... Les Japonais n'en font pas usage, leurs qualités sont par suite peu connues. On doit comprendre dans cette série les *tissanoki*, les *goumi*, les *saïkaki* et les *midsouki*, et les essences suivantes qui sont spécialement affectées aux travaux de tournerie.

Araragni (Ilex latifolia). — On trouve dans les jardins, ainsi que sur les hautes montagnes de Kiousiou et de Nippon, un houx à feuilles épaisses, coriaces, luisantes et grandes comme la main, qu'on nomme araragni (*Ilex latifolia*), et qu'il ne faut pas confondre avec les résineux de même nom. Son bois est peu coloré, dur, serré, homogène; il est recherché par les tourneurs et par les fabricants d'éventails et de baguettes à manger. C'est un arbuste vraiment ornemental.

Chiragni (Olea aquifolia). — Un autre arbuste beaucoup plus répandu et qui ressemble également à un houx, le *chiragni* (*Olea aquifolia*), donne un bois blanc, léger, moins dur que le précédent, mais bien lié et ne fendant pas, que, pour cette raison, on emploie de préférence à toute autre essence pour faire les jeux d'échecs et surtout pour confectionner les petites billes en bois qu'on enfile sur les fils de fer des machines à calcul en usage en Chine et au Japon. Il peut atteindre 15 mètres de hauteur.

Tsougné (Buxus japonica). — Les Japonais ont également le vrai buis (*Buxus japoncia*); ils le nomment *tsougné*. Il a toutes qualités du buis d'Europe; c'est le meilleur bois qu'on puisse employer pour les travaux de tournerie et pour fabriquer les cachets, les peignes, les planches de graveurs, les fausses dents, etc... Malheureusement l'essence est rare; on la signale dans diverses îles de la province d'Idsou; elle y atteint 1 mètre de circonférence sur 3 mètres de hauteur. La qualité la plus estimée vient des îles Liou-Kiou.

Inoutsougné (Ilex crenata). — On trouve, au contraire, très-fréquemment, un arbuste ayant la même feuille que le buis et que, pour cette raison, les indigènes nomment *inoutsougné* (*Ilex crenata*). Il aime les sables très-argileux et les argiles rocheuses; il est rustique, il résiste assez bien aux incendies et aux sécheresses. Il doit à ces qualités d'être abondant sur les sommets de certaines montagnes dévastées par les paysans. Son bois est léger et pâle, mais il est fin, bien lié et assez dur; en somme, il ne vaut pas le tsougné, mais il s'en rapproche assez pour qu'on puisse l'affecter aux mêmes travaux. Ses dimensions sont plus considérables; on trouve des pieds de 1^m,50 de circonférence et de 6 mètres de hauteur totale.

Tsoubaki (Camellia japonica). — Le tsoubaki (*Camellia japonica*) est abondant sur le littoral dans toutes les parties du Japon ; il recherche les sables argileux, les expositions chaudes, mais il aime être couvert ; on le trouve fréquemment à l'ombre des kéaki, des hénoki et des laurinées qui forment les bordures des champs. Il y atteint jusqu'à 2 mètres de circonférence au pied et 12 mètres de hauteur. Il se couvre au printemps d'une multitude de fleurs et forme de ravissants tableaux. Son bois, serré et homogène, est très-supérieur à celui de l'inoutsougné ; il se rapproche beaucoup de celui du tsougné. On en fait des cachets, des planches de gravure et des travaux de tournerie

Sasanqua (Camellia sasanqua). — Le sasanqua est le camélia d'automne ; il est moins abondant que le tsoubaki; il a à peu près les mêmes exigences et les mêmes qualités. Ses feuilles et ses fleurs sont plus petites et moins décoratives. Ses graines donnent de l'huile; il en est de même de celles des tsoubaki. On en trouve des sujets qui ont 1 mètre de circonférence au pied et 10 mètres de hauteur totale.

Chidé (Aronia asiatica S et Z). — Le chidé est un bois rouge, analogue à celui du cerisier, mais beaucoup plus dur; il atteint de grandes dimensions et est employé par les tourneurs. On le rencontre dans Kiousiou aussi bien que dans Nippon. Sa feuille rappelle celle de l'*Acer polymorphum*.

Minébari (Alnus firma). — Le minébari habite le Nord et les sommets des montagnes du centre de Nippon ; il est abondant dans Chinano et Chimotské. Les Japonais prétendent que son cœur est un bois remarquablement dur; ils l'appellent, pour cette raison, *onooré* (littéralement : hache cassante); ils en font divers menus objets.

Hannoki (Alnus maritima). — On trouve sur le littoral, et très-répandu, un autre aulne nommé *hannoki* qui n'a pas, à coup sûr, cette dureté, mais qui a à peu près les mêmes qualités que l'aulne d'Europe. Les Japonais n'en utilisent pas le bois; ils le cultivent uniquement pour son fruit qu'ils emploient en teinture.

Yenzou (Sophora japonica). — Le *Sophora japonica* est répandu dans tout le Japon, principalement dans Fiouga, Rikouzen et Rikouthiou ; il vit disséminé et ne constitue nulle part de peuplement notable. Il paraît rechercher le sable, ainsi que l'exposition du Midi et aimer un léger couvert. Il atteint 1ᵐ,80 de circonférence au pied et 10 mètres de hauteur totale. Ses vaisseaux sont très-gros, son bois a, par suite, peu d'homogénéité et de finesse, mais il est à la fois très-flexible et très-résistant ; il est, à ce point de vue, comparable à l'a-cacia et apte à rendre les mêmes services; il conviendrait donc pour la confection des gournables. Les Japonais le recherchent pour la fabrication des manches d'outils et de certains objets tournés. Sa nuance sépia claire peut donner, dans certaines menuiseries, un contraste agréable et le faire alors employer malgré le manque de finesse de son grain.

Kiri (Paulownia imperialis). — Le kiri (*Paulownia imperialis*) n'est signalé en forêt que dans le Nord de Nippon et seulement en petite quantité, mais il est cultivé dans tout le Japon et réussit très-bien, même au Sud de Kiousiou. Il recherche les bonnes terres situées sur les coteaux près de la plaine et surtout les terres profondes. Sa croissance est extraordinairement rapide ; il repousse de souche. Son bois est remarquablement léger, il ne pèse guère plus que le liége; sa densité n'est que 0,24 ; c'est sa qualité principale, celle qui le fait cultiver partout; mais, en outre, il est homogène et fin ; il ne joue pas à l'humidité, il est un peu mou et il possède une résistance qui est faible d'une manière absolue, mais qui dépasse celle de toutes les autres essences si on la compare à son poids. En d'autres termes, une pièce de kiri est plus faible que les pièces de mêmes dimensions des diverses autres essences, mais elle est notablement plus forte que toutes les pièces des autres bois qui auraient même longueur, une section semblable et même poids. On affirme, en outre, que les caisses fabriquées avec ce bois protégent, contre les mites, les vêtements qu'elles contiennent.

Ce sont des qualités qui le font rechercher de préférence à toutes les autres essences pour la confection des coffres, des malles et des caisses, dans lesquels on transporte les vêtements et les objets d'art ; pour celle des petites tables à écrire ou à manger qui sont d'un usage général dans le pays; pour la fabrication des planchettes en bois (*guettas*) qui tiennent lieu de sabots; ainsi que pour celles des perches, à l'aide desquelles les paysans portent à l'épaule les chaises à porteurs (*norimon et kango*). On l'estime tellement qu'on n'en perd aucun déchet, ses rognures sont transformées en étagères, en jouets d'enfants, etc.; on fait même diverses figurines avec sa sciure agglomérée et moulée.

Sa veine est jolie; la finesse de son grain est en raison inverse de la rapidité de sa croissance. A ce point de vue, les kiri du Sud sont préférables à ceux du Nord. Les habitants de Tokio, ne pouvant se procurer les bois de Kiousiou, recherchent ceux de l'île d'Atidjo, voisine de la presqu'île d'Idsou, qui est bien exposée au Midi et dont le terrain est sec. Toutes les fois, du reste, que le *Paulownia* se trouve entravé dans sa végétation, par le fait du terrain par exemple, il a des couches serrées et un grain fin qui en font un bois supérieur de menuiserie; on en cite de ce genre dans la province d'Ouzen dont l'épaisseur des couches annuelles n'est que $0^m,0015$, mais ce sont là des cas exceptionnels. Naturellement ces produits fins doivent avoir un tissu plus serré et, par suite, une densité plus grande que les kiri ordinaires.

On laque souvent les objets fabriqués avec ce bois, principalement les coffres à vêtements, les tables, les guettas, etc.; on obtient ainsi à la fois la richesse et la légèreté.

La grande consommation qu'on fait de ces bois en maintient les prix élevés et en fait soigner la culture. On recherche surtout les gros arbres qui ont un fût parfaitement droit et sans aucun nœud sur une longueur d'au moins $2^m,50$; on les paie fort cher. Pour les obtenir, on applique un mode de culture spécial, car l'essence par elle-même ne pousse pas assez droit et ne donne pas d'aussi beaux résultats.

On enterre des jeunes branches horizontalement et à une faible profondeur, dans le courant de février ou de mars; les bourgeons, mis en terre, poussent dès les premières chaleurs du printemps et donnent à la fin de l'année des sujets de $0^m,50$ à 2 mètres de hauteur qu'on transplante à leur emplacement définitif pendant le courant de l'hiver. (La reproduction par graines exigerait des soins et ne donnerait que des sujets moitié moins grands.) Ces jeunes plants poussent très-vite, ils ont d'ordinaire $0^m,60$ de circonférence 5 ans après leur plantation; arrivés à ce terme, ils sont, il est vrai, irréguliers, branchus et, par conséquent, sans valeur, mais ils sont aptes à produire, à partir de ce moment, des bois irréprochables. Pour obtenir ce résultat, on les coupe au ras du sol à la fin de l'hiver qui termine leur cinquième année de plantation, on ne laisse venir que deux rejets, puis on coupe le moins beau des deux de façon à concentrer toute la puissance des racines sur un rejeton unique, lequel, dans une seule année, doit pousser droit et sans branches à $2^m,50$ ou 3 mètres de hauteur. Quand cette pousse n'est pas suffisamment bien réussie, on la coupe à son tour pour essayer d'en avoir une plus convenable l'année suivante. Quand enfin on a obtenu un rejeton satisfaisant, on le laisse pousser en le défendant contre les gourmands ; il est prudent de couvrir, pendant l'hiver, le bourgeon terminal de sa tige avec une sorte de petit capuchon pour le préserver de la gelée et de la pourriture. Cette pousse croît encore plus vite au début que ne l'avait fait le sujet primitif ; à la fin de sa cinquième année, elle a 0^m,75 à 0^m,90 de circonférence ; la croissance se ralentit bientôt de telle sorte qu'il faut au moins 20 ans pour que l'arbre atteigne la circonférence de 1^m,20, qui correspond à peu près à son exploitabilité commerciale. Arrivée à ce terme, on la coupe et on laisse encore venir un nouveau rejet de la souche. Celui-ci pousse encore plus vite que les précédents parce que la racine est plus vigoureuse ; le bois en est aussi plus estimé. Quand il a atteint, à son tour, sa dimension commerciale, on l'abat, mais la souche est alors âgée d'environ 50 ans ; elle est épuisée, elle ne peut plus fournir de nouveaux rejets. Il arrive fréquemment qu'au lieu de lui faire produire deux arbres successifs, comme il vient d'être exposé, on lui en fait donner trois en abrégeant la durée des deux premiers ; on s'efforce alors d'obtenir pour le dernier, qui est le plus estimé, les plus grandes dimensions possibles. Dans ce cas, la souche fournit, pendant son existence, deux billes moyennes et une assez grosse, au lieu des deux grosses que donne le premier procédé de culture.

On remarque qu'en appliquant cette méthode, les jeunes pousses sont gonflées de sève pendant leurs premières années ; que, par suite, les cellules et les vaisseaux sont aussi gros que possible, et que, comme seconde conséquence, les bois produits sont très-légers. On obtient ainsi, pour le tissu ligneux de la tige, un résultat comparable à celui que le démasclage de la première écorce de chêne-liége produit sur la grosseur et la finesse du liége femelle qui lui succède.

Il en résulte encore une autre conséquence non moins curieuse, c'est que le tronc possède un canal central tapissé par une véritable écorce intérieure. Il semble que la moelle disparaisse promptement et que l'étui médullaire s'organise pour constituer une écorce interne ; son tissu se colore, on y trouve même la nuance verte ; il n'est pas établi, il est vrai, que ces nuances existent pendant la vie de l'arbre ; il est possible qu'elles se produisent seulement après l'abatage, quand la lumière pénètre dans ce canal central. Il serait bon, dans tous les cas, de profiter de l'espèce d'hypertrophie de la moelle que donne cette méthode de culture pour analyser la constitution des organes des plantes. On pourrait peut-être obtenir des résultats analogues sur nos essences forestières vigoureuses telles que le saule, le peuplier, l'aulne, le frêne, etc. Il y a là toute une méthode d'investigation à introduire.

Chacun connaît les qualités ornementales de cette essence. Les feuilles de ses jeunes pousses acquièrent un développement remarquable; leur limbe atteint jusqu'à 60 centimètres de longueur et autant de largeur. L'arbre fleurit à l'âge de 8 ans; les fleurs paraissent avant les feuilles, elles sont en grappes bleues, violettes et dégagent une odeur agréable. Les Japonais les estiment beaucoup; ils en ont fait l'emblème du mikado, ils les représentent sur une multitude d'objets d'art.

Yamakiri (*Elæcoccocca verrucosa S et Z*). — On donne le nom de *yamakiri* (littéralement : kiri de la montagne) à l'*Elæcoccocca verrucosa*, parce qu'il a la taille, le port et presque la feuille du kiri; que, de plus, son bois a le même grain que le *Paulownia* venu dans la montagne sans culture. Cette essence produit des graines dont on tire de l'huile; on la cultive à cet effet dans plusieurs parties du Japon. Les terres argileuses, placées sur les coteaux, lui conviennent assez bien; elle se contente même des ponces volcaniques; elle aime l'exposition du Midi et les régions chaudes. Ses graines s'échauffent assez facilement, d'autant plus que leur enveloppe coriace s'ouvre en formant un réceptacle pour les eaux pluviales; il serait avantageux de les faire tomber assez tôt pour que cet état de choses n'influe pas sur la qualité de l'amande. On appelle aussi cet arbre *abouraki* ou *abouragni* (littéralement : arbre à huile), *abourakiri* (littéralement : kiri à huile) ou bien encore *doucoué*.

Aogiri. — L'aogiri (littéralement : kiri vert) a encore la feuille grande et dentée comme les deux espèces précédentes; il lui ressemble également comme port et comme dimensions, mais il se distingue de tous les autres arbres du Japon par la couleur vert gai de son feuillage et surtout par l'écorce unie, lisse et vert clair de son tronc et de ses rameaux. On lui donne aussi le nom de *gotogiri*, mais cette désignation est rarement employée. Les Japonais apprécient beaucoup ses qualités ornementales et l'introduisent volontiers dans leurs jardins; il y réussit du reste fort bien. On le rencontre spontané au milieu des sables à l'altitude de 800 mètres, associé au châtaignier, à l'aulne et au bouleau. L'espèce paraît appelée à bien réussir dans toute la France. Un arbre aussi étrange devait naturellement frapper l'esprit des indigènes; leur tradition rapporte qu'il y avait jadis sur une haute montagne de la province de Mikawa un aogiri colossal dont la circonférence au pied était de 32 brasses et dont la hauteur était 88^m,88; que le tronc en était creux et qu'il était habité par des serpents produisant des brumes.

Bambou mataké. — Le bambou qui rend le plus de services est le *mataké* (littéralement : bambou mâle) [*Bambusa mitis*]. Il est régulier, bien filé, très-rustique; il acquiert de grandes dimensions et une forte résistance. On l'emploie à quantité de travaux, comme nous le verrons plus tard à l'article *Travaux en bambou*. On en fait de véritables cultures auprès des principaux centres de consommation.

Aux environs de Kioto on opère comme il suit. On choisit un champ dont la terre est légère et de bonne qualité, un terrain d'alluvion quand on le peut ; on y plante des bambous de deux ans, ayant une motte de 0^m,60 de diamètre et pesant 75 kilogr. environ ; on les place à 3^m,60 d'axe en axe en tous sens, puis on étête à 3 mètres de hauteur l'unique sujet composant chaque pied. On défend le sol contre l'invasion des mauvaises herbes et on voit apparaître quelques maigres rejets qui atteignent 3^m,50 de hauteur à la fin de l'année. Pendant le cours de la seconde année il en pousse de nouveaux, lesquels s'élèvent à 4^m,50 de hauteur; les produits des années successives dépassent les précédents en force et en hauteur. La forêt, d'abord clairsemée, devient bientôt compacte; les jets des premières années meurent étouffés par les nouveaux venus qui les dominent. Dix ans environ après sa plantation la forêt est constituée, elle a atteint la force suffisante pour qu'on puisse commencer la récolte. A ce moment, les bambous ont de 0^m,15 à 0^m,18 de circonférence à la base, leur hauteur totale est de 6 mètres; il y en a environ 27,000 par hectare ; on en coupe un tiers et on n'y touche plus pendant deux ans. Pendant l'année qui suit cette coupe, il pousse de nombreux rejets sur les racines de chaque sujet coupé, mais un seul survit, les autres meurent étouffés. On laisse encore la forêt en repos pendant un an et à la fin de cette seconde année on coupe les bambous d'au moins six ans; ils ont de 0^m,18 à 0^m,27 de circonférence à la base et 12 à 15 mètres de hauteur totale. On laisse la forêt végéter encore pendant deux nouvelles années, après quoi on coupe les sujets âgés de cinq à six ans, et ainsi de suite indéfiniment. Les paysans ont le soin de faire des repères sur les pieds conservés à la fin de chaque période bisannuelle, afin qu'il n'y ait pas d'errreur sur l'âge des sujets au moment des coupes. Le meilleur peuplement d'une forêt de cette nature pour des sujets de 0^m,20 à 0^m,25 de circonférence au pied est de 24,000 pieds par hectare comptés au moment de la coupe. Le produit moyen annuel par hectare, déduction faite des sujets brisés par le vent ou des sujets étouffés, est de 1,500 pieds de 0ᵐ,18 de circonférence moyenne, pesant ensemble de 8,000 à 10,000 kilogr.

Les paysans des environs de Tokio sont plus pressés de récolter ; ils plantent des sujets plus avancés, ayant au moins trois ans et portant quatre ou cinq tiges sur le même pied. Ils conservent des mottes considérables du poids de 200 à 250 kilogr. Les plantations se font dans le courant de juin et autant que possible le 25 juin, journée réputée exceptionnellement propice, sans doute parce qu'elle est au milieu de la saison des pluies. Toutes les tiges sont rabattues à 3ᵐ,50 de hauteur et défendues contre le vent à l'aide de tuteurs. La forêt se constitue plus vite dans ces conditions : au bout de quatre ou cinq ans, elle est déjà serrée. On plante parfois des sujets plus forts, portant six à huit tiges, mais alors on les espace davantage. Avec du soin et des engrais on arrive à obtenir à Tokio des bambous de 0ᵐ,35 de circonférence à la base et de 9 à 11 mètres de longueur, mais ce sont des dimensions exceptionnelles ; les produits courants de ces cultures n'ont que 0ᵐ,12 à 0ᵐ,25 de circonférence sur 6 à 12 mètres de longueur. L'usage est de conserver environ 20,000 pieds par hectare et d'en couper chaque année environ 2,000, plus ou moins, suivant les besoins. Il serait difficile avec ces exploitations irrégulières de tenir compte de l'âge exact des bambous, on ne peut se guider que sur leur couleur. Quand, par une raison quelconque, on coupe les jeunes sujets au lieu des vieux, la forêt dépérit en quelques années et il faut la laisser reposer longtemps avant de lui voir reprendre son ancienne vigueur. Le produit annuel d'un hectare de bonne forêt de Tokio est d'environ 2,000 bambous de 0ᵐ,12 à 0ᵐ,25 de circonférence à la base, pesant au moins 10,000 kilogr., chiffre considérable pour un climat qui n'est pas beaucoup plus chaud que celui de la Provence. Il est vrai que les Japonais affectent à ces cultures de bons terrains et qu'ils y mettent chaque année de l'engrais ; mais quand on réfléchit aux immenses services que cette masse ligneuse peut rendre, au peu de déchet que produit son emploi et à la minime main-d'œuvre qu'elle nécessite, on comprendra que ces cultures donnent de grands profits.

On ne saurait donc trop encourager sa culture sur une grande échelle en France et en Algérie, alors même qu'il faudrait faire pour elle des sacrifices plus grands que n'en font les Japonais. Il faut en même temps s'attacher à faire voir aux populations d'Europe tous les services que cette essence peut rendre. Il est probable qu'on pourrait l'utiliser dans le boisage des mines; il y aurait de ce côté un large écoulement assuré.

L'essence atteint dans le Sud de Kiousiou des dimensions beaucoup plus grandes que dans Nippon ; nous en avons trouvé dans Fiouga des sujets abattus qui avaient 0^m,55 de circonférence au pied et 0^m,25 de circonférence à 13^m,50 du pied, les épaisseurs de matière étant 0^m,016 au pied et 0^m,007 à la tête; ils devaient avoir près de 25 mètres de longueur totale sur pied, soit quinze fois le diamètre de leur base ; ils avaient poussé près d'un cours d'eau, dans une terre d'alluvion légère. La province de Satzouma en produit de plus gros encore.

On cherche parfois à donner aux entre-nœuds des bambous des longueurs déterminées pour faciliter leur emploi à des travaux décoratifs. Quand la longueur demandée est faible et qu'il suffit d'arrêter la croissance des sujets, on choisit sur les jeunes pousses des entre-nœuds de dimensions convenables et on enlève l'écorce qui les enveloppe; l'action de la lumière et celle de l'air durcissent la matière ligneuse et en arrêtent le développement. S'il faut au contraire obtenir des entre-nœuds forts longs, on fait tomber les bourgeons situés à la base des entre-nœuds des jeunes pousses qu'on veut allonger, et on enveloppe les tiges avec des écorces mollement amarrées qu'on maintient en position bien au delà du terme où la gaîne des bourgeons tomberait naturellement.

On assure enfin qu'on peut obtenir des bambous de section rectangulaire ou autre en engageant sur leurs jeunes pousses des tubes métalliques de la forme demandée, les tiges en grossissant viendraient se mouler sur la surface disposée pour l'emprisonner.

Voici les dimensions courantes des bambous des environs de Tokio avec indication de leur poids moyen :

CIRCONFÉRENCE MESURÉE AU			LONGUEUR correspondante.	POIDS DE L'UNITÉ.
pied.	milieu.	bout.		
0,30	0,26	0,10	11,00	2k,00
0,25	0,23	0,10	12,00	19,00
0,20	0,18	0,09	9,00	15,00
0,15	0,11	0,07	7,00	8,50
0,10	0,09	0,05	6,50	2,00

Les bambous jeunes ont leur tissu spongieux et ne se conservent pas, les plus âgés sont les plus résistants et les plus durables. Il importe de ne pas les couper dans la saison de la montée de la séve ; le mieux est de ne faire les exploitations qu'en hiver.

Mosô. — Le mosô (bambou moso) est un bambou très-gros au pied, dont le diamètre diminue rapidement en formant un galbe assez accentué ; ses nœuds sont rapprochés et sa hauteur est faible. Son bois est poreux, peu résistant et peu estimé; il est en outre promptement attaqué par les insectes; on en évite l'emploi dans les constructions et dans tous les travaux soignés. On en recherche au contraire les jeunes pousses, qui constituent un aliment important; on en fait pour cette raison des cultures étendues dans le voisinage de toutes les grandes villes.

Hatchikou. — On trouve souvent dans les montagnes un bambou probablement de la même espèce que le madaké, mais beaucoup plus petit qu'on nomme *hatchikou.* Le plus rabougri de tous les bambous, celui qui est le plus branchu et dont les entre-nœuds sont les plus courts, se nomme *Otetchikou.*

Métaké. — Le métaké (littéralement : bambou femelle) croît avec vigueur dans presque tout le Japon; ses racines tracent avec une remarquable rapidité, s'enlacent en tous sens et produisent des tiges qui se touchent presque en formant des fourrés impénétrables. Ces bambous sont cylindriques, leur diamètre est d'environ $0^m,008$ à $0^m,012$, leur hauteur atteint $3^m,50$. Cette espèce n'a pas besoin d'être cultivée, elle envahit naturellement les terres argileuses. On emploie ses tiges pour faire des clôtures, des stores, des tuyaux de pipes et beaucoup de menus travaux, enfin on en brûle comme bois de chauffage. Le *chinotaké* lui ressemble, mais est encore plus petit; il est au métaké ce que le hatchikou est par rapport au madaké, c'est-à-dire une espèce en quelque sorte rabougrie.

Mazassa. — On trouve fréquemment sous le couvert des forêts clairsemées un bambou à tige fort mince et à larges feuilles que les Japonais nomment *mazassa;* il y est souvent panaché. Cette essence vit en massifs compactes et peut rendre des services notables dans l'ornementation des parcs et des jardins, mais elle est un voisin dangereux pour les forêts, surtout pour les forêts ruinées qu'il faudrait régénérer; elle en envahit le sous bois et rend leur reproduction naturelle difficile. Elle s'élève au-dessus de 1,200 mètres d'altitude. Ce bambou ne donne pas de branches latérales, ses tiges sont toujours grêles et cylindriques. Il y a d'ailleurs de nombreuses variétés de ces bambous nains.

TROISIÈME PARTIE.

PRODUITS ACCESSOIRES DES FORÊTS.

1° MATIÈRES COMESTIBLES.

Les Japonais considèrent et utilisent comme matières alimentaires les parties des arbres et arbustes sauvages ci-dessous désignées; nous verrons plus tard les produits qu'ils retirent des espèces cultivées :

Les marrons des
- Totzi (*Æsculus turbinata Bl.* Marronnier d'Inde).
- Kouri (*Castanea japonica Bl.* Châtaignier).

Les glands des
- Sii (*Quercus cuspidata Thunb.* Chêne vert).
- Matékachi (*Quercus glabra Thunb.* Chêne vert).

Les graines des
- Sotetzou (*Cycas revoluta Thunb.* Cycas).
- Saïkatchi (*Gleditschia japonica Miq.* Févier).
- (?)   (*Pinus koraiensis.* Pin).

Les amandes des
- Kaya (*Torreya nucifera S et Z*).
- Itio (*Ginkgo biloba Th.* Arbre aux 40 écus).
- Hasibami (*Corylus heterophylla Miq.* Noisetier).
- Kouroumi (*Juglans mandshourica Miq.* Noyer de Sibérie).
- (?)   (*Juglans regia L.* Noyer d'Europe).

Les drupes fraîches ou sèches des kaki (*Diospyros Kaki Thunb.*).

Les drupes fraîches des
- Biwa (*Eryobotrya japonica Lindl.* Néflier du Japon, bibacier).
- Maroumérou (*Cydonia vulgaris L.* Cognassier).
- Nachi (*Pyrus communis L.* Poirier).
- Natsoumé (*Zizyphus vulgaris Lam.* Jujubier).
- Kouwa (*Morus alba Thunb.* Mûrier).
- Inoumouwa.
- Dzoumi.
- Kiitchigo (*Rubus divers.* Ronces).
- Edobiwa (*Ficus erecta Thunb.* Figuier).
- Taragoumi.
- Goumi (*Eleagnus divers.* Chalef).
- Yamamomo (*Myrica rubra S et Z*).
- Moukou (*Homoicceltis aspera Bl.*).
- Honcko (*Taxus cuspidata S et Z.* If).
- Kochikidé (*Photinia villosa D. C.* Photinia).
- Iossozomé (*Viburnum dilatatum Thunb.*).
- Hénoki (*Celtis sinensis Pers.* Micocoulier de Chine).
- Nouroudé (*Rhus semialata Murr.* Sumac).
- Sanchio (*Xanthoxylum piperitum D. C.* Clavalier).
- Kocho (*Piper foutokadsoura S et Z.* Poivrier).

| Les pédoncules frais des fruits des | Kemponachi (*Hovenia dulcis Thunb.*). |
| | Maki (*Podocarpus macrophylla Don.*). |

Les feuilles bouillies des	Chian-chin.
	Oucogni (*Acanthopanax spinosum Miq.*).
	Kouko (*Lycium sinenses Mill.* Lyciet).
	Saïkatchi (*Gleditchia japonica Miq.* Févier).
	Némounoki (*Albizia julibrissin Boivin.* Acacia de Constantinople).
	Sanchio (*Xanthoxylum piperitum D. C.* Clavalier).

Les tiges des sotetzou (*Cycas revoluta Thunb.* Cycas).
L'écorce des jeunes racines de nikkei (*Cinnamomum Loureirii Miq.*).
Les jeunes feuilles et les racines des warabi (fougères diverses).
L'infusion de feuilles de tcha (*Thea sinensis Sims.* Théier).
Les jeunes pousses de diverses variétés de bambou.
Diverses espèces de champignons produites par les matsou, les nara, les siï, les kouri, etc.

Marrons et châtaignes. — Le marron d'Inde, fruit du totzi, est trop amer pour être consommé sans préparation spéciale. On commence par en retirer l'enveloppe, puis on en réduit l'intérieur à l'état de farine, soit en l'écrasant avec des pierres, soit en le faisant bouillir jusqu'à ce qu'il devienne pâteux. Sa farine est ensuite exposée en couche mince et par petites quantités pendant deux jours et deux nuits à l'action d'un léger filet d'eau qui en enlève l'amertume. La matière, ainsi purifiée, est cuite avec un mélange de farine de sarrasin ou de millet. C'est la base principale de la nourriture d'hiver dans les hameaux de Ilida et de Chinano, situés dans les hautes montagnes et privés de terres cultivables. Les pays moins pauvres n'y recourent qu'en temps de disette, ceux du littoral n'en consomment jamais.

Les châtaignes du kouri sont généralement petites et toujours de médiocre qualité.

Glands. — Le gland du siï (*Q. cuspidata*) est petit, mais délicat; celui du matékachi (*Q. glabra*) est plus gros, mais moins fin. Tous deux peuvent être consommés frais; les Japonais les préfèrent rôtis; ils les considèrent comme des friandises et en consomment de grandes quantités à l'occasion de certaines fêtes religieuses.

Graines, amandes et noix. — Les *Cycas revoluta* fructifient difficilement aux environs de Tokio, le climat y est trop froid ; leurs pieds doivent même être empaillés pendant l'hiver, à moins qu'ils ne soient situés dans un endroit naturellement abrité des vents du Nord; on en voit alors qui vivent et qui fructifient sans nécessiter aucuns soins. Ils commencent à avoir plus de vigueur à Osaka, mais ils ne sont abondants que dans le Sud de Kiousiou. On assure que les habitants de Satsouma en pulvérisent les graines, les réduisent en poudre, les mélangent à des farines de blé ou de millet et en font des pâtes alimentaires[1].

Les saïkatchi habitent de préférence les régions sablonneuses; ils ne sont pas abondants. Leurs gousses ont jusqu'à 0^m,25 de longueur et ne sont pas comestibles dans leur état naturel; les paysans en mangent les graines cuites.

Le *Pinus koraiensis* est fort rare au Japon, ses amandes ne figurent ici que pour mémoire.

Le kaya est, au contraire, assez répandu; ses amandes fraîches ont un excellent goût de noisette; les Japonais en sont friands et les font d'ordinaire rôtir. On en peut extraire une huile comestible d'excellente qualité. Cette essence mérite être propagée.

Le *Ginkgo biloba* n'est pas spontané au Japon (on n'en connaît pas encore l'origine), mais il y en a auprès de tous les temples et il y réussit très-bien. On peut citer, comme exemple, un pied de 6 mètres de circonférence situé au bas de l'escalier du grand temple de Kamakoura. Les Japonais, grands amateurs du merveilleux, ne pouvaient manquer d'être frappés à l'aspect de ce grand conifère, à larges feuilles caduques, que de loin on prendrait, surtout en hiver, pour un peuplier; ils ont pour lui une certaine vénération et ils en consomment les amandes dans certaines fêtes religieuses. Notons en passant que son bois a la même constitution que les autres bois résineux et qu'il est assez difficile de le distinguer de celui des *Abies*.

Les hasibami sont petits et n'ont aucun goût.

Les fruits du kouroumi sont bien inférieurs à ceux du noyer d'Europe; les noix que les Européens d'Yokohama consomment sont apportés d'Amérique ou de France par les paquebots.

Kaki. — Les kaki constituent une des bases importantes de la nourriture des indigènes pendant l'automne et pendant l'hiver. Ceux qu'on trouve en forêt sont petits, sphériques et amers; leur diamètre ne dépasse guère 0^m,03; ils rappellent les fruits qu'on cultive depuis

---

[1] Les Japonais recommandent de déposer des ferrailles au pied des cycas pour activer leur végétation; ils implantent souvent des clous en fer dans leur tige pour arriver au même résultat.

longtemps en Provence. D'autres n'ont guère que 0^m,012 de diamètre sur 0^m,020 de longueur. On nomme ces espèces sauvages *yamakaki, sakourakaki* ou *mamékaki*. Il existe, en outre, des espèces cultivées qui feront l'objet d'une étude spéciale.

Fruits divers. — Les Japonais ne recherchent pas les fruits; ils prétendent que leur riz est une nourriture complète qui n'a pas besoin d'être corrigée par des rafraîchissants. C'est la base de l'alimentation de toutes les régions arrosables; on l'y consomme soit étuvé, soit arrosé d'un peu de thé; les classes aisées consomment, en outre, du poisson, quelques légumes et parfois des sauces, mais seulement comme garnitures et condiments destinés à donner de la saveur au riz, qui est le véritable aliment. Grâce à ce genre de nourriture, les Japonais n'éprouvent, pour ainsi dire, pas besoin de boire, un peu de thé chaud leur suffit pendant les repas et les fruits n'ont pas pour eux le même intérêt que pour les Européens. D'un autre côté, le climat n'est pas favorable aux fruits d'été, la plupart sont attaqués par les vers ou par les insectes ou bien encore pourrissent avant d'atteindre leur maturité; cela a lieu notamment pour les prunes, les pêches et les abricots; on est obligé de les cueillir encore tout verts si on ne veut pas les perdre. On conçoit donc que les arbres à fruit soient négligés. On ne cultive réellement que les kaki, parce que ceux-là réussissent fort bien, fructifient abondamment, que leurs fruits se font sécher, qu'ils se rapprochent alors un peu des aliments farineux et qu'ils constituent une véritable ressource alimentaire. Les autres fruits ne sont, en réalité, utilisés que par les enfants.

Les meilleurs sont les biwa et ne sont guère supérieurs à ceux qu'on obtient en Provence sous le nom de nèfle du Japon; nous en avons rencontré de bien meilleurs en Afrique. Aux environs de Tokio, on les place dans des terres argileuses, à l'exposition du Midi, en coteau et surtout à l'abri des vents du Nord. Les fruits gagneraient en qualité si on fumait et si on cultivait les pieds.

Le maroumérou vient très-bien dans les sables du littoral de la mer du Japon et y produit des fruits remarquablement gros; il est, au contraire, fort rare aux environs d'Yokohama.

Les poires produites par les nachi sauvages sont de fort mauvaise qualité. Les meilleures espèces cultivées se rapprochent de la poire Messire Jean d'Europe et lui sont inférieures; elles ont, par contre, l'avantage de se conserver facilement jusqu'au mois de juillet; elles sont assez bonnes cuites; leur forme est celle d'une pomme de reinette grise.

Le jujubier est très-rare, on ne le rencontre qu'auprès des maisons.

Les mûres de kouwa sont des fruits d'enfants, celles de l'inoumouwa sont de qualité inférieure.

Il y a plusieurs variétés de ronces (kiitchigo; littéralement : arbres à fraises); aucune ne donne de fruits se rapprochant des framboises. Quelques-unes donnent de véritables arbustes d'ornement; leur acclimatation a un certain intérêt, surtout si leur fruit peut s'améliorer par la culture.

Les figues de l'édobiwa sont très-petites et inférieures aux plus mauvaises figues de Provence.

Les taragoumi sont des arbrisseaux abondants dans la montagne; ils ont un joli feuillage de nuance gaie, ils sont appelés à orner nos jardins. Leurs fruits mûrissent du 15 avril au 1er juin; ils sont rouges, ont la grosseur d'une très-petite cerise; ils contiennent des pépins comme les groseilles, leur saveur est agréable quoiqu'un peu fade; ce sont les premiers fruits de la saison, leur précocité les recommande à nos horticulteurs.

Une variété de chalef, nommée nawachirogoumi, mûrit presque en même temps et donne un fruit rouge de la grosseur d'une cornouille contenant un noyau mou et ayant un goût aigrelet agréable aux enfants. L'arbuste a de grandes feuilles ornementales. Les autres *Eleagnus* sont moins précoces.

Le yamamomo ressemble beaucoup extérieurement à l'arbouse, mais il a un noyau dur, une saveur aigrelette et résineuse.

Le fruit du moukou est une baie noire grosse comme une petite merise et analogue à celle du micocoulier ; il contient un noyau osseux et plaît aux enfants.

On dit que les habitants d'Yéso aiment les fruits de l'if (*Taxus cuspidata*).

Les kochikidé et les iossozomé sont de petites baies acides recherchées par les enfants et n'offrant aucun intérêt.

Les paysans font sécher les fruits du hénoki et du nouroudé pour en avoir les efflorescences. Les premières tiennent lieu de sucre, les secondes de sel.

Les graines de sanchio sont employées comme condiment; leur essence est très-forte, mais elle s'évapore promptement ; c'est une épice ayant un goût différent du poivre, d'une qualité aussi remarquable, mais qu'on est obligé de consommer frais. On emploie fréquemment aussi ses feuilles comme garniture des poissons. Le véritable poivre indigène est le kocho.

Pédoncules. — Les pédoncules des fruits de l'*Hovenia dulcis* ont une saveur sucrée agréable, qui rappelle celle des bonnes poires, mais leur tissus sont ligneux, on ne peut pas les considérer comme de véritables fruits; d'ailleurs, ils sont irréguliers et leur volume est très-petit. Il est possible qu'une culture intensive les transforme au point de leur donner, comme l'affirme Thunberg, la forme, la consistance et la saveur d'une poire de beurré, mais nous n'en avons jamais vu aucun qui s'en rapproche même de fort loin. L'essence aime le sable et probablement aussi la chaleur.

Les jolis pédoncules du *Podocarpus macrophylla* (maki) ont également un goût sucré et plaisent aux enfants.

Feuilles. — Les Japonais prétendent que les bonzes du Sud de Nippon se nourrissent, dans certains jours d'abstinence, avec les feuilles du chian-chin, et que les paysans des contrées pauvres consomment, surtout dans les années de famine, les feuilles de l'*Acanthopanax spinosum*, celles du *Lycium sinense* et mêmes celles du saïkatchi et du némounoki. Celles de l'acanthopanax ont un goût résineux très-prononcé qui disparaît, dit-on, par la cuisson.

Tiges, écorces et racines. — Les tiges du *Cycas revoluta* déchiquetées, broyées, puis lavées, donnent un amidon que les habitants de Satsouma mêlent à leur nourriture.

On prétend que les habitants du Sud de Kiousiou mangent également l'écorce des jeunes racines de nikkéi; il est possible qu'ils lui trouvent un arome agréable.

Fougères. — Pendant la belle saison, les habitants des hautes montagnes argileuses tirent presque toute leur alimentation des fougères, qu'ils nomment *Warabi*. Au printemps, ils en mangent les jeunes feuilles, plus tard ils se nourrissent avec l'amidon qu'ils extrayent de leurs racines. La préparation en est des plus simples. On commence par laver les racines pour en enlever la terre, puis on les concasse avec un maillet, ensuite on agite les débris dans des réservoirs d'eau, formés par des troncs d'arbres creusés, et on envoie cette eau déposer l'amidon dont elle s'est chargée, dans des réservoirs analogues placés au-dessous. On obtient ainsi en amidon environ 15 p. 100 du poids des racines employées. Chaque hameau a un emplacement spécial affecté à cette opération; les résidus de ces lavages y forment des masses considérables qui témoignent de l'importance de cette fabrication. C'est pour assurer la reproduction de ces fougères que les habitants incendient tous les 2 ou 3 ans les herbes et les broussailles venues à l'ombre des chênes et des châtaigniers. Cette pratique déplorable, signalée précédemment, a dévasté toute la région ; les arbres qui y ont résisté sont très-clairsemés; la plupart sont sur vieilles souches, leurs troncs portent des cicatrices profondes produites par le feu ; les pieds qui ont plus de 1m,50 de circonférence ont le cœur pourri. A quelque point de vue qu'on se place, on ne peut que regretter de semblables usages.

Thé. — Le thé, dont les indigènes font une consommation extraordinaire, mérite une mention spéciale au milieu des matières alimentaires. L'arbuste à thé est spontané dans Kiousiou ; on le cultive avec succès sur presque tout le littoral de Nippon, principalement auprès de Kioto. Il aime l'exposition du Midi et les terres légères, les argiles compactes lui sont absolument contraires, à moins qu'elles ne constituent le sous-sol.

On plantait jadis de jeunes sujets élevés en pépinière, on les mettait à la distance de 0m,15 d'axe en axe, suivant des lignes espacées elles-mêmes de 1m,05, dans des terres préalablement défoncées à 0m,75 de profondeur et réduites en poudre fine. On a trouvé que ce dispositif était coûteux et qu'il gênait la circulation. Actuellement, on préfère créer des agglomérations espacées de 1m,80 d'axe en axe et ayant au plus 1 mètre de diamètre; il reste suffisamment d'espace pour circuler entre ces divers massifs. On a de plus renoncé aux plantations, parce que le théier a une racine pivotante très-longue qu'il importe de respecter ; toutefois on prétend qu'il est utile, au point de vue de la qualité du thé, de ne pas la laisser développer trop profondément. Voici par suite la méthode de culture qu'on recommande :

On creuse des fossés de 0m,60 de profondeur et de 0m,75 de largeur, espacés de 1m,80 d'axe en axe ; si le sous-sol n'est pas compacte, on le comprime et, au besoin, on garnit le fond du fossé avec un lit de tuiles ou de cailloux jointifs destiné à arrêter la racine pivotante. Ceci terminé, on dépose à l'emplacement que doit occuper chaque pied, un compost qui occupe toute la profondeur et toute la largeur du fossé sur environ 0m,60 de longueur et qui est formé de 500 kilogr. de bonne terre mélangée avec 15 kilogr. de résidus d'huileries, de poisson gâté

Deroxt. 6

ou d'autre matière grasse; puis on comble les fossés, et vers le 25 février on sème au centre de ces dépôts des graines de thé formant un cercle de 0ᵐ,30 de diamètre; on les recouvre de 0ᵐ,03 de terre fine, puis de menue paille de riz; on les défend contre les oiseaux et les taupes, enfin, on les abrite contre les vents du Nord et on les arrose fréquemment pendant la sécheresse.

Les jeunes sujets atteignent 0ᵐ,15 de hauteur à la fin de la première année et 0ᵐ,60 à la fin de la seconde; on les pince au printemps de la troisième pour leur faire pousser des branches latérales. Il faut fumer chaque année, donner plusieurs façons, verser des engrais liquides dans une rigole pratiquée autour de chaque pied, enfin, abriter pendant l'hiver chaque massif avec un capuchon de paille. Dans les lieux de production les plus renommés, des montants et des traverses permettent de couvrir les champs tout entiers avec des nattes pour les garantir contre les trop grandes chaleurs.

On commence à récolter dès la 5ᵉ année; la qualité s'améliore pendant les années suivantes; elle devient bonne quand l'arbuste a 10 ans, meilleure à 20 ans, supérieure à 50 ans. On compte qu'une ligne de théiers de 20 mètres de longueur, plantée selon l'ancienne méthode, produit chaque année, à l'âge de 25 ans, 2 ½ kilogr. de thé de première qualité, 1 kilogr. de seconde et des résidus des tailles qu'on peut encore utiliser. La première récolte se fait vers le 20 mars, la seconde vers le 20 juin, la troisième vers le 20 septembre.

Jadis on faisait le thé avec les rameaux entiers (feuilles et branches), maintenant on n'y emploie plus que les jeunes pousses. Les Japonais se contentent de leur faire subir une légère torréfaction, aussi leur meilleur thé est amer, peu estimé par les Européens et n'a pas encore pu être admis dans la consommation anglaise. Les Américains cependant s'en contentent; il est vrai qu'ils le font préparer à la méthode chinoise qui en modifie totalement l'arome; ils préfèrent le bon marché à la qualité. Leurs achats pendant la campagne 1876-1877, c'està-dire du 1ᵉʳ mai 1876 au 1ᵉʳ mai 1877, ont été de 10,300,000 kilogr., dont 3,000,000 de kilogrammes ont été expédiés directement de Kobé et 7,300,000 kilogr. d'Yokohama. Leur valeur totale à la sortie du Japon était d'environ 4,800,000 piastres, soit 25,000,000 de francs.

Au commencement de la campagne de 1877, les prix des thés d'exportation sur la place d'Yokohama étaient les suivants: good commun, 14 à 17ᵗʳ (piastres) le picul de 100 catties (soit 60ᵏ,532 ou 132 ½ livres

anglaises avoir du poids); médium, 19 à 22[lt]; good médium, 22[lt] 50 c.
à 25[lt]; fine, 26[lt]; finest, 29 à 33[lt]; choice, 36[lt] et au-dessus[1].

Les prix déclinent d'une manière continue depuis plusieurs années;
ceux de 1874 étaient encore de 50 p. 100 supérieurs à ceux de 1877;
on s'attend à les voir diminuer encore si les thés japonais ne trouvent
pas de nouveaux débouchés. Il est vrai que la consommation du thé
augmente beaucoup en Amérique, mais les Japonais ont planté au delà des
besoins, ils torréfient leurs feuilles avec peu de soin et peu de régularité,
enfin les habitants de Formose commencent à leur faire la concurrence
et expédient sur le marché américain des qualités qui ne sont pas plus
mauvaises que les produits japonais et qui sont meilleur marché.

Les succédanés du thé sont, le kouko (*Lycium sinense*), le camellia
(*Tsoubaki* et *Sasanqua*), l'oucogni (*Acanthopanax spinosum*), le
Kouwa (mûrier) et le kozou (*Broussonetia papyrifera*). Les paysans
de certaines régions pauvres lui substituent une vesce qu'ils nomment
karasba et qui est probablement le *Vicia angustifolia*, enfin les montagnards se contentent, en plusieurs endroits, des feuilles du marronnier
d'Inde (totzi). La mauvaise qualité des eaux et l'humidité permanente
de l'atmosphère leur imposent l'obligation d'une boisson chaude, mais
ils regardent peu à la qualité de leur breuvage[2].

Bambous. — Les jeunes pousses de bambou constituent un des
principaux aliments des habitants de toutes classes pendant le printemps et pendant une partie de l'été. Celles qu'on récolte en mauvais
terrain sont dures et peu recherchées; celles qui poussent au contraire
dans de bonnes terres et dans des cultures soignées sont grosses, assez
tendres et plaisent même à quantité d'Européens. Leur qualité diminue
naturellement quand on s'élève dans les montagnes, mais elles sont
encore comestibles à des altitudes élevées où le bambou pousse moins
bien qu'en Provence; il y a donc lieu d'espérer qu'on pourra obtenir
ce précieux aliment dans le Midi de la France en lui donnant les soins
qui lui procurent ses qualités au Japon.

Pour créer une forêt de bambous comestibles, les paysans des environs de Kioto commencent par défoncer le sol à 0[m],90 de profon-

---

[1] D'après l'usage commercial 11[lt] signifie 11 piastres mexicaines. La valeur intrinsèque
de cette piastre est 5 fr. 41 c., son prix varie suivant le cours du change; il a longtemps
dépassé 6 fr.; la baisse du prix de l'argent en a fait tomber la valeur jusqu'à 4 fr. 55 c. On
compte quelquefois en dollards, mais c'est une expression vicieuse, car les transactions
s'opèrent toujours en piastres.
[2] Voir à la fin de ce travail une note relative aux thés chinois.

deur, puis ils plantent à 3ᵐ,60 d'axe en axe des bambous de deux
ans de l'espèce nommée mosô, munis d'une motte de 0ᵐ,60 de diamètre, après quoi ils les étêtent à 3 mètres de hauteur; ils défendent
les plantations contre l'envahissement des herbes pendant deux ou trois
ans et ne commencent à récolter qu'après la cinquième année, encore
ne le font-ils qu'avec ménagement tant que la forêt n'a pas dix ans,
terme nécessaire pour qu'elle acquière toute sa force. On prétend qu'a-
lors la récolte annuelle est d'environ 10,000 kilogr. de jeunes pousses par
hectare; nous n'avons pu contrôler ce chiffre, qui nous paraît exagéré.

L'importance de ces produits engage les paysans, qui font ces cultures auprès des grandes villes, à y consacrer de très-bonnes terres, à
les fumer fortement chaque année et à s'efforcer d'obtenir des primeurs.
On laisse venir chaque année une pousse éloignée sur chaque racine
traçante et on coupe les bambous trop vieux qui ne donnent plus de
rejets. La forêt se régénère indéfiniment, si on ne l'épuise pas. Il serait
du reste très-dispendieux de la remettre en culture par suite de l'énorme
quantité de racines entrelacées en tous sens qu'il faudrait extirper.

Aux environs de Tokio, on est plus pressé de récolter, on y désire
une qualité plus tendre et il faut y compenser par la culture la moindre
chaleur du climat, on y procède par suite d'une manière différente. On
creuse dans le sol une série de fossés parallèles, larges de 0ᵐ,60, profonds de 0ᵐ,90, espacés de 3 mètres d'axe en axe, au fond desquels on
dépose, sur 0ᵐ,30 d'épaisseur, de la paille, du fumier, des feuilles et
autres matières analogues, on recouvre ensuite le tout avec un lit de
terre de 0ᵐ,10 de hauteur. Cela fait, on dépose sur cette couche, à des
intervalles de 3 mètres, des plants de mosô âgés d'au moins trois ans,
portant quatre ou cinq tiges sur le même pied et conservant une forte
motte, dont le transport à dos exige 10 à 12 hommes, puis on entoure
chaque motte avec une terre riche en engrais ou avec de la vase de
rivière, après quoi on comble les fossés en ayant soin de ne pas fouler
la terre qu'on s'attache au contraire à conserver aussi légère que possible. On termine l'opération en rabattant toutes les tiges à 2ᵐ,50 ou
3 mètres au-dessus du sol et en les consolidant contre le vent à l'aide
de tuteurs. La journée du 25 juin est réputée la plus favorable pour
ces plantations, probablement parce qu'elle est au milieu de la saison
des pluies. On ne fait pas de culture entre les fossés et on donne une
ou deux façons pour ne pas laisser venir l'herbe. A la fin de la quatrième, ou au plus tard de la cinquième année, la forêt commence à

être serrée, il faut y faire une éclaircie; les tiges qu'on coupe sont toujours de qualité inférieure à celle des madaké. Après 30 ans d'existence, la plantation commence à donner des pousses de moindre qualité; il faut en refaire une nouvelle dans un autre terrain; on conserve néanmoins la vieille forêt, qui donne encore pendant longtemps des produits appréciables bien que de qualité inférieure.

Ces cultures nécessitent beaucoup d'engrais. On recommande d'arroser ces forêts chaque année au mois de septembre et au mois de février avec un liquide obtenu en mettant, dans 1,000 litres d'eau, 75 litres de fumier consommé, autant de cendres, le double de marc de céréales provenant des fabriques de saké et le triple de terreau, et en laissant digérer le tout pendant 60 jours. Ces quantités suffisent pour arroser une fois un hectare, le liquide doit être versé au pied de chaque bambou. A défaut de ces matières, on emploie des résidus de poisson ou tout autre engrais azoté. Il est, en outre, dans les usages de répandre souvent sur le terrain du fumier d'écurie.

C'est grâce à cette culture intensive qu'on obtient des produits tendres et délicats. Les tiges qu'on laisse pousser acquièrent des dimensions considérables; on en trouve parfois qui ont $0^m,90$ de circonférence au pied, mais leur diamètre diminue promptement, leur pied est galbé et leur hauteur totale ne dépasse pas 7 mètres.

Il est bien difficile de se rendre compte du produit annuel de ces cultures, parce qu'on y récolte à peu près tous les jours pendant la majeure partie de l'année et que les produits se vendent à la pièce et non au poids. Les renseignements recueillis porteraient le rendement moyen annuel par hectare d'une bonne plantation des environs de Tokio à 1,660 pousses, pesant en moyenne $2^k,500$ l'une, soit 4,050 kilogr. au total, et donnant un produit brut de 750 fr., déduction faite des frais de transport en ville. Ces belles qualités tendres pèsent jusqu'à 4 kilogr. l'une et se vendent en moyenne $0^f,30$ le kilogramme au début de la saison. Les véritables primeurs coûtent naturellement plus cher. Les plantations de bambous madaké produisent 12,000 pousses pesant environ 6,000 kilogr., mais ne présentant guère qu'une valeur de 600 fr.

Champignons. — Les forêts produisent une très-grande quantité de champignons comestibles. Les matsoutaké, les hatsoutaké, les chimézitaké et les chooro se trouvent sur le sol des forêts de matsou; les sassagnotaké viennent dans les broussailles, principalement au milieu des bambous nains; les kicouragni et les slitaké poussent sur les arbres qui pourrissent. On sale les matsoutaké ; on sèche les siitaké, les kotaké, les kicouragni et les iwataké ; on consomme frais les hatsoutaké, les chimézitaké et les chooró.

Les siitaké sont cultivés sur grande échelle dans certaines localités, principalement dans la province d'Idsou. On abat les bois en automne, on les coupe à la longueur de notre bois de corde, on refend les gros rondins e surtout les bûches de façon à n'avoir pas de morceaux plus gros que du petit quartier. Puis on choisit un endroit, qui n'est ni exposé au soleil, ni très-couvert, par exemple un taillis un peu clair ou la rive nord d'un bois ; on enlève les feuilles et les herbes, qui couvrent le terrain et on y étale les bois presque korizontalement sur un seul plan en les isolant du sol à l'aide de traverses. Il faut les y laisser trois années pour qu'ils obtiennent ce que les paysans appellent la *dessiccation complète*, mais ce qu'il serait plus rationnel de nommer la *période de décomposition préparatoire*. Pendant l'automne de cette troisième année, on pratique sur chaque rondin une série d'entailles obliques traversant l'écorce et entamant légèrement l'aubier, rapprochées les unes des autres de $0^m,08$ à $0^m,15$ et dirigées vers le pied du rondin. On se sert d'un instrument bien affilé de façon à respecter l'adhérence de l'écorce. Immédiatement après, on met ces bois dans l'eau ; on les y maintient un jour et une nuit ; puis on se hâte de les mettre à l'ombre d'un bois couvert, le pied en bas, la tête en haut ; on les dispose assez fréquemment suivant deux plans inclinés reposant sur une traverse horizontale. Entailler, mouiller et dresser sont trois opérations qu'on recommande de faire successivement et sans arrêt. Le bois est déjà échauffé, les entailles arrêtent et emmagasinent les pluies et les rosées, les champignons paraissent dès le printemps de l'année suivante. La récolte, faible la première année, augmente dans les suivantes et dure pendant cinq ou six ans. Le volume total des champignons frais obtenus atteint 6 à 9 p. 100 du volume du bois employé.

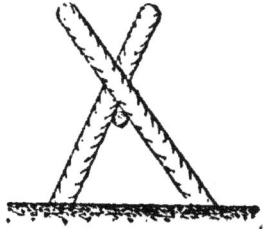

Les Japonais font sécher les champignons pendant cinq jours au soleil, puis ils les embrochent normalement à la queue et ils les exposent toute une soirée devant le feu de leur cuisine. Cette opération réduit leur volume des deux tiers et donne des champignons secs qui se conservent très-longtemps sans aucune préparation ultérieure et qui se vendent dans les villes sous le nom de siitaké.

Les chênes blancs (*Q. serrata* et *Q. glandulifera*) sont les bois qu'on emploie de préférence pour ces cultures ; les (*Q. cuspidata*) et les châtaigniers produisent également des champignons de la même espèce et peuvent être mélangés avec les nara.

Il arrive parfois que les champignonnières sont envahies par des variétés non comestibles ou de qualité secondaire ; dans ce cas, heureusement fort rare, on n'hésite pas à faire le sacrifice du lot atteint. Quelquefois on arrose les rondins avec l'eau, dans laquelle on a lavé le riz décortiqué et qui est chargée de débris et de farine de riz ; mais cela ne se fait qu'exceptionnellement pour quelques chantiers voisins des habitations. Les paysans affirment qu'ils n'apportent ni débris des champignonnières anciennes, ni ferments d'aucune sorte dans leurs cultures nouvelles ; la production des siitaké serait, par suite, tout à fait spontanée.

En résumé, grâce à cette fabrication, les Japonais arrivent à transformer un bois lourd, qui est sans valeur en l'état actuel de leurs moyens de transport, en une matière comestible, recherchée, peu pesante, dont la vente enrichit la contrée ; en 1876, ils en ont exporté pour 80,781 dollards par Yokohama, pour 135,901$^\#$ par Kobé et pour 15,622$^\#$ par Osaka, soit près de 1,200,000 fr., le tout à destination de la Chine.

La France est dans des conditions hygrométriques beaucoup moins favorables pour faire des cultures de ce genre ; cependant on pourrait les essayer dans les régions où le défaut de communication ne permet pas d'utiliser convenablement les rondins, baliveaux et branchages. Il se peut que la forte dose d'humidité qui existe d'ordinaire au printemps, époque de la récolte principale, suffise pour assurer le développement de ces cryptogames, surtout si l'emplacement a été judicieusement choisi.

Le kozou (*Broussonetia papyrifera*) donne également, dit-on, d'excellents champignons.

Fruits des arbres cultivés. — Outre ces produits, qui sont plus ou moins sauvages, le Japon a une longue série de fruits provenant d'arbres et d'arbustes cultivés. Nous ne les citerons que pour mémoire.

Les Japonais ont une prune mirabelle (chirosmomo), une prune de Monsieur (smomo), enfin une prune de reine-claude (batankio).

Leurs abricots sont plus nombreux : leur variété à noyau libre (anzou) est la plus petite, la plus colorée, la plus juteuse et la plus sucrée; mais ils n'apprécient que les diverses variétés à noyau adhérent, auxquelles ils donnent le nom collectif de m'mé; ils les cueillent toutes vertes, ils les conservent dans une saumure de sel qui leur donne une couleur vineuse foncée et ils les consomment comme hors-d'œuvre.

Ils ont également les pêches (momô) et les brugnons (zoubaïsmomo). Ces divers fruits d'été seraient de bonne qualité s'ils pouvaient atteindre leur maturité.

Les figues comestibles (itizicou) proviennent des figuiers d'Europe (*Ficus carica*) importés jadis par les Portugais; ceux-ci réussissent parfaitement, mais sont peu répandus. Il existe en outre sept espèces de *Ficus* spontanés, aucun ne donne de fruits comestibles.

Les grenadiers (zakouro) paraissent avoir également été importés; on cultive comme arbres d'ornement les variétés nommées tiosen-sakouro, hamazakouro et ichizakouro; ils viennent vigoureusement dans les terres sablonneuses. La variété nommée hamazakouro est cultivée pour ses fruits; il y aurait intérêt à la modifier à l'aide de greffes prises sur les bonnes variétés d'Europe.

L'humidité du climat convient peu à la vigne, on ne la cultive qu'en treille et seulement dans la province de Kaï; on y obtient un bon chasselas de table; les Japonais ont tenté d'en faire du vin, ils n'ont obtenu qu'une piquette mal fabriquée. On essaye en ce moment d'acclimater diverses variétés d'Europe et d'Amérique; on ne peut pas encore juger si on réussira.

Le gouvernement cherche également à introduire les espèces de pommes et de poires européennes; il a obtenu quelques produits, mais en trop petite quantité pour que leur conquête puisse être considérée comme acquise. Les pommes indigènes (ringo) sont de véritables pommes d'api.

On commence également à obtenir à Tokio quelques cerises de plants envoyés d'Europe, mais il est difficile de faire fructifier cette essence qui tend à pousser tout en bois. On sait du reste qu'elle n'aime pas les pays chauds et que sa culture ne réussit pas en Algérie.

On a importé à l'arsenal d'Iokoska un pied d'olivier; il s'était assez bien enraciné, mais il a été négligé (comme cela arrive généralement au Japon pour toutes les choses dès qu'elles ont perdu l'attrait de la nouveauté), puis il est mort. Il semble du reste que les climats humides ne soient guère favorables à cette essence ni à celle de l'amandier.

Les aurantiacées sont mieux représentées. Il y a, en première ligne, une excellente mandarine (mikan), qui atteint dans la province de Kii toutes les qualités des meilleurs produits de Malte; puis une mandarine hâtive (kauzi), qu'on récolte en novembre et une autre encore plus précoce, qu'on nomme natsoumikan (littéralement : mandarine d'été), parce qu'elle mûrit en septembre ou octobre. Comme oranges, on trouve la bigarrade (daïdaï), l'orange douce (tatchibana) et la bergamote (kounembo), sans compter l'orange à trois feuilles (karatatzi) ou orange de Chine, qui est amère. Les Japonais ont en outre le citron (youzou); le cédrat commun à chair blanche (jabon) et celui à chair rosée; puis diverses variétés de cédrat aux formes étranges, telles que le karin, dont l'une des extrémités est obtuse et souvent même concave, et le bouchioukan (littéralement : mikan, main de Bouddha, parce qu'il affecte la forme d'une main ayant deux, trois, quatre et même cinq doigts); enfin, ils ont diverses variétés de *kookia punctata* [?] (kinkan) dont les fruits allongés ou sphériques, gros à peine comme des olives ou comme des cerises, ont un zeste parfumé et donnent d'excellentes compotes.

2° MATIÈRES GRASSES ET ESSENCES.

Le tableau ci-dessous indique les arbres et les arbustes dont on tire des matières grasses et l'usage auquel on les emploie :

Cire végétale . . .	Haji (*Rhus succedanea Linn.*).
	Ourouchi (*Rhus vernicifera D. C.*).
Huiles comestibles .	Kaya (*Torreya nucifera S et Z*).
	Kouroumi (*Juglans mandchourica Miq.* Noyer).
	Tsoubaki (*Camellia japonica Linn.* à *C...tellia*).
	Sasanqua (*Camellia Sasanqua Thunb.* Camellia).
Huiles à brûler . . .	Inoukaya (*Cephalotaxus drupacea S et Z*).
	Doucoué (*Eleococca verrucosa S et Z*).
	Kssou (*Cinnamomum camphora F. Nees.* Camphrier).
	Tcha (*Thea sinensis Sims.* Théier).
Huiles de toilette. .	Egnô (*Styrax japonicum S et Z.* Aliboufier).
	Kiara (*Taxus cuspidata S et Z.* If).
Huiles et graisses pour les armes. .	Tiodji.
	Ibota (*Ligustrum ibota S.* Troène).

Huiles pour médicaments : Sanchto, Tochlochi, etc., mémoire.

Essences et parfums {
Daïdaï (*Citrus bigaradia Duch.* Bigarade).
Nikkei (*Cinnamomum Loureirii Miq.*).
Sencotabou (*Cinnamomum* [?]).
Tsikibi (*Illicium anisatum Linn.* Badiane, anis étoilé.)
Segni (*Cryptomeria japonica Dom.*).
}

Cire végétale. — L'arbre à cire du Sud est le haji, celui du Nord est l'ourouchi.

Le haji, qu'on appelle hazé dans Kiousiou, ne fructifie pas dans le Nord du Nippon. On le cultive dans Kiousiou et dans Sikokou, le long des routes, sur les digues des rivières, ainsi que dans les terres légères non arrosables. Les Japonais prétendent que cette essence a été introduite à Kagosima par les Hollandais, il y a deux siècles; ce qu'il y a de certain, c'est que, même dans le Sud de Kiousiou, elle ne donne pas de récolte sérieuse sans engrais. La province de Higo en est un des principaux centres de culture; en 1873, elle a livré à elle seule pour l'exportation 150,000 kilogr. de cire; depuis lors les prix ont subi une grande baisse et cette culture est presque complétement négligée.

Les graines persistent sur l'arbre longtemps après la chute des feuilles; on les récolte en hiver, elles se conservent toute l'année. On en extrait la cire de la façon suivante :

On bat d'abord les graines au fléau sur une aire d'argile pour en détacher les pédoncules, qu'on élimine ensuite par un simple vannage; puis on décortique ces graines dans un pilon en opérant comme pour le riz; l'opération est facile, parce que l'enveloppe est friable, on l'arrête aussitôt que la menue paille est détachée de l'amande. On soumet à l'action de la vapeur d'eau bouillante, pendant une demi-heure, ce mélange de débris d'enveloppes et d'amandes, puis on prend une poignée de chanvre liée par la tête, on l'introduit dans une pile d'anneaux en bambous superposés, on l'y ouvre et on dispose les fibres de chanvre dans l'intérieur de ce cylindre de façon à former une sorte de sac qu'on remplit avec ce mélange de débris d'enveloppes et d'amandes. L'ensemble (anneaux de bambous, sac et graines) est soumis à l'action d'une presse à coin jusqu'à ce que la longueur du sac soit réduite de moitié. Ce qui coule pendant cette opération est la *cire vierge* ou *cire première*, elle est surtout produite par le son de l'enveloppe. Dès que la cire a cessé de couler, on desserre les coins; on enlève le tourteau; on le pulvérise et on le crible immédiatement pour en séparer le son qui est épuisé, après quoi on soumet le reste à une nouvelle action de la vapeur d'eau, puis à une nouvelle pression, on obtient ainsi la *cire seconde*.

La presse est formée d'un simple morceau de bois dur noyé dans le sol, dans l'intérieur duquel on a creusé un premier logement pour le sac à comprimer, un second pour les coins et un canal pour l'écoulement de la cire. Une marmite, un pilon en bois, un seau, une masse en bois, un vase et quelques écuelles constituent tout l'outillage d'une fabrique qui emploie deux ouvriers.

Ceux-ci travaillent ensemble 90 kilogr. de graines par jour, l'opération exige 8 presses, dont 6 pour la cire première et 2 pour la cire seconde. Ils en retirent 13 à 15 kilogr. de cire, dont 2^k,5 de cire seconde, quand ils opèrent sur des graines d'Ethizen; 18 kilogr., dont 2^k,5 de cire seconde, avec les graines de Boungo et plus encore avec celles de Higo.

Les bougies (rosoco) ne se moulent pas, on les fabrique par couches successives obtenues à l'aide d'immersions répétées.

Les cires ainsi obtenues sont jaunes. Quand on veut les blanchir, on fait fondre les cires premières, on les décante et on les expose pendant longtemps au soleil en couche mince.

On cultive l'ourouchi dans presque toutes les parties de Nippon; on en extrait à volonté la résine qui sert à fabriquer les laques ou la graine qui donne la cire; il ne peut pas donner les deux produits à la fois. Les plantations se font à 3^m,80 d'axe en axe, soit à raison de 700 pieds par hectare. Les Japonais estiment qu'un pied d'ourouchi bien cultivé donne en moyenne 2 kilogr. de graines à l'âge de 6 ans, 40 kilogr. à 15 ans, 115 kilogr. à 30 ans et 180 kilogr. à 50 ans; la production resterait alors stationnaire, puis décroîtrait quand l'arbre entrerait sur le retour. Sa durée totale serait d'un siècle. On en extrait la cire en opérant comme pour le haze. La cire d'ourouchi la plus réputée provient de la province d'Aïdsou.

Les Japonais ont encore un *Rhus sylvestris* (yamahaji) qui vient vigoureusement en forêt; il est probable que ses graines sont pauvres en cire, car on ne les utilise pas. On n'utilise pas davantage les amandes du *Rhus semialata* (katsou), qui paraissent cependant grasses et qui sont assez communes dans beaucoup d'endroits.

L'exportation de la cire végétale a été, en 1876, de 878,000 kilogr. valant 660,000 francs, expédiés d'Osaka à Londres.

Huiles comestibles. — L'huile extraite de l'amande du kaya est délicieuse, on en peut même faire la cuisine, c'est de beaucoup le meilleur produit de l'espèce existant au Japon. Malheureusement, les kaya sont peu nombreux ; on en consomme d'ordinaire les amandes fraîches ; il en reste peu pour la fabrication de l'huile ; celle-ci est, par suite, rare et chère.

L'huile de noix rappelle celle d'Europe et est également rare.

On extrait des graines du tsoubaki (*Camellia japonica*) et de celles du sasanka (*Camellia japonica*), des huiles qu'on utilise comme huiles comestibles et comme huiles de toilette.

Huiles à brûler. — L'inoukaya (*Cephalotaxus drupacea*) donne une huile inférieure à l'huile de colza (aboura) et à celle de sésame (goma), au moins dans l'état d'épuration où on l'emploie d'ordinaire. On en ramasse les fruits et on en forme des tas, qu'on laisse fermenter pour en désorganiser la drupe ; au mois de décembre, on les met dans une corbeille et on les agite dans l'eau ; les débris de l'enveloppe s'échappent à travers les mailles de la corbeille, les noyaux restent seuls, ils sont très-propres. On les fait sécher avec grand soin, l'exposition au soleil suffit d'ordinaire ; quand l'amande est complètement détachée de son enveloppe, on concasse les noyaux dans un mortier, puis à l'aide de cribles, de grilles inclinées ou de vans, on élimine les débris des noyaux et on les jette. Les amandes restant sont soumises à l'action de la vapeur, puis à celle de la presse ; on les laisse pendant plusieurs heures sous pression, un ouvrier ne fait généralement qu'une seule presse par jour. On admet que 10 volumes de fruits, tels qu'on les récolte, rendent 7 volumes de noyaux débarrassés de leur pulpe, lesquels se réduisent à 4 volumes d'amandes concassées et fournissent 1 volume d'huile. Un arbre de 15 ans, greffé, produit 2 à 3 litres d'huile ; à 30 ans il en donne le double.

Le doucoué, qu'on nomme aussi abourakiri (littéralement : kiri à huile), aime les terres légères, telles que les sables argileux et les ponces volcaniques ; il atteint 2 mètres de circonférence au pied, 2^m,50 de hauteur sous branches et 8 mètres de hauteur totale ; son port, ses fruits et ses larges feuilles lui donnent de loin l'apparence du figuier. Ses amandes donnent l'huile qu'on nomme abouragni, dont on se sert pour fabriquer le papier huilé et le papier-cuir, pour huiler les bois avant de les laquer, et qu'on utilise également comme huile à brûler de qualité secondaire. On cultive cet arbre dans Kiousiou et dans Nippon le long des chemins et dans les mauvais sols.

L'huile de kssou est un produit secondaire de la fabrication du camphre.

On tire encore quelquefois des graines du théier une huile qu'on utilise pour l'éclairage et la toilette.

Huiles de toilette. — La coiffure japonaise est un édifice compliqué, qu'on ne construit pas tous les jours et qui exige une matière onctueuse donnant de l'adhérence à la chevelure. On emploie à cet effet l'huile d'égno qu'on extrait des graines du *Styrax japonicum*, petit arbre abondant dans presque tout le Japon ; on y mêle fréquemment de la cire.

On emploie également pour la toilette l'huile de kiara, qui est, dit-on, fabriquée avec les graines de l'if (honcko) ou peut-être seulement parfumée avec une essence extraite de ce conifère.

On fait également usage de l'huile de camellia provenant du tsoubaki ou du sasanqua.

Huiles pour les armes. — L'huile du tiodji, extraite des graines de l'arbuste de même nom, est très-limpide, n'est pas siccative et est employée à l'entretien des lames de sabres et de lances.

On donne un ton rouille aux armures ainsi qu'aux gardes de sabres et on met les bronzes en couleur à l'aide de la graisse d'ibota provenant de la pulpe de la graisse du *Ligustrum ibota*.

Huiles pour médicaments. — Voir pour les huiles pharmaceutiques l'article spécial relatif aux médicaments.

Essences et parfums. — L'essence de daïdaï (bigaradier) et l'huile de nikkei servent à parfumer les gâteaux et les confiseries.

L'écorce de sencotabou (*Cinnamomum* abondant dans le Sud de Kiousiou) et les feuilles de skibiki (essence connue en France sous le nom de badiane ou anis étoilé et commune dans tout le Japon) sont réduites en une poudre fine avec laquelle on fabrique de petites baguettes qu'on brûle comme parfum dans les temples et auprès des tombeaux. On fait aussi des baguettes analogues de qualité inférieure avec des feuilles pulvérisées du *Cryptomeria japonica*.

Matières grasses autres. — Le Japon produit en outre des huiles de sésame (goma), de colza (aboura), de pétrole (kousôdzoû) et de sardine (iwachi).

Le règne animal n'y donne guère que des graisses de bœufs, attendu qu'il n'y a ni moutons, ni chèvres. Les Japonais se mirent, il y a quelques années, à élever quantité de porcs, sans se préoccuper de ce qu'ils en pourraient faire; cette spéculation ne réussit pas, faute de consommateurs; on en arriva à offrir les plus belles bêtes aux prix de

50 cent. par tête sans trouver d'amateurs, on ne sut même pas en utiliser les graisses et cette industrie tomba.

MATIÈRES TEXTILES.

Vers à soie. — La variété de mûriers cultivée pour élever les vers à soie est le maroubakouwa (littéralement : mûrier rond), ainsi nommé parce que ses feuilles sont presque rondes. Ses fruits sont gros; ils prennent successivement les nuances blanche, violette, puis noire; ils n'ont pas de saveur. Quand le sol est riche et quand l'arbre est bien cultivé, ses feuilles sont grandes, fines, régulières et presque rondes, mais, quand on néglige sa culture, ses feuilles diminuent, épaississent, s'échancrent, deviennent lobées et retournent vers la forme des feuilles du mûrier sauvage (yamakouwa), en même temps ses fruits deviennent petits, passent successivement par les nuances verte, rouge, puis noire et prennent à leur maturité un goût aigrelet, tout comme les fruits sauvages. Les feuilles des arbres cultivés sont les meilleures; il en résulte qu'on juge de leur qualité d'après leur grandeur.

La reproduction s'opère le plus souvent à l'aide de marcottes; on les obtient de la façon suivante : on rabat en terre au printemps 50 ou 100 ramilles d'un même pied, réparties tout autour du même sujet; on les détache au printemps suivant et aussitôt après on les plante en pleine terre. Quelquefois, au contraire, on fait des pépinières avec des boutures. Dans d'autres circonstances, on plante de jeunes sujets de yamakouwa, et l'année suivante on les greffe à 0^m,05 au-dessus du sol; on ligature la greffe avec un brin de paille, puis, pour la préserver de la sécheresse, on établit au-dessus un petit abri conique en paille, recouvert d'un peu de terre.

Quand on plante des lignes isolées autour des champs cultivés, on espace d'ordinaire les pieds à 1^m,20 d'axe en axe et on ne laisse pas leur tige ou leur souche s'élever à plus d'un mètre au-dessus du sol. Quand, au contraire, on doit faire des cultures homogènes, occupant un champ entier, on plante 2,000 pieds par hectare et on laisse les tiges monter jusqu'à 2 mètres de hauteur.

Dans certaines localités, on plante encore plus serré et on ne s'arrête que devant les difficultés de la circulation.

Pendant les premières années, on donne de fréquentes façons. Plus tard, on se borne à couvrir le sol de paille à chaque automne, à la laisser un peu pourrir, à la renfouir et à butter le pied des mûriers pendant l'hiver, puis à donner une seconde façon au printemps.

Quand arrive la récolte des feuilles, on coupe les ramilles au ras de leurs tiges, sauf deux d'entre elles auxquelles on laisse quelques œils, cela au fur et à mesure des besoins; puis on porte le tout par fagots à domicile et on les y effeuille.

Les Japonais estiment qu'un hectare de bonne terre planté de 2,000 pieds produit, dès la seconde année, 1,800 kilogr. de feuilles de printemps et 1,500 kilogr. de feuilles d'été, lesquelles permettent de faire 2,2 cartons d'annuels et 2,66 de bivoltins. Les ramilles sont comprises dans le poids des feuilles. Le produit augmente d'année en année; à cinq ans, il atteint, dit-on, 6,000 kilogr. de feuilles de printemps et 4,800 kilogr. de feuilles d'été, ce qui permet d'élever 7,1 cartons d'annuels et 8,5 de bivoltins; à 6 ans, il est de 7,500 kilogr. de feuilles de printemps et 6,000 kilogr. de feuilles d'été correspondant à 8,8 cartons d'annuels et 10,1 de bivoltins.

La bonne qualité des terres affectées à ces cultures, les engrais et les soins qu'on y consacre, permettraient de maintenir la vigueur de ces plantations pendant assez longtemps, mais les tailles annuelles produisent des pourritures qui envahissent successivement les diverses parties des arbres et en limitent la durée à une trentaine d'années. On pourrait la prolonger en recouvrant avec du goudron les sections faites, mais on ne prend aucune précaution de ce genre.

On estime qu'un carton exige 900 kilogr. de feuilles et 25 nattes longues de 1m,80 et larges de 0m,90, qu'il peut produire jusqu'à 37 kilogr. de cocons donnant eux-mêmes 3k,75 de soie filée. La balle de soie filée rendue à Yokohama vaut, dans les années normales, de 1,800 à 5,000 fr.; elle pèse 80 catties (48k,123) net. Elle supporte 5 p. 100 de droits de douane à la sortie.

Les bénéfices réalisés par les éducateurs de vers à soie ont poussé ceux-ci à faire des plantations de mûriers jusque dans les montagnes. Ils ont pris à cet effet des forêts en exploitation (de préférence des forêts de segni), ils les ont débroussaillées aussitôt après la coupe, ils en ont brûlé les herbes et y ont fait des plantations. Mais les sujets ainsi obtenus sont peu vigoureux, il est indispensable de les ménager; on n'en peut récolter que les feuilles de printemps et cela seulement pendant les quatrième et cinquième années qui suivent les plantations, rarement pendant la sixième; à cette époque le sol a déjà perdu son capital d'humus, de son côté la plante est épuisée, on n'en peut plus rien tirer, on laisse dès lors les herbes et les ronces envahir le terrain. Ces cultures de montagne donnent une soie grossière et peu estimée, mais elles permettent d'élever des vers robustes donnant d'excellentes graines de cartons ; les montagnards en tirent des bénéfices notables et étendent leurs cultures jusqu'aux pentes les plus escarpées; nous en avons rencontré jusqu'aux altitudes de 700 mètres.

Les premiers commerçants européens arrivés au Japon aussitôt après son ouverture, trouvèrent un stock de vieilles soies et des vêtements d'une grande richesse, ils crurent que le pays produisait beaucoup, et firent des achats importants. Les Japonais s'empressèrent de multiplier leurs cultures de mûriers pour satisfaire les demandes : ils arrivèrent à produire annuellement en moyenne 13,000 balles. La récolte de l'année 1876 ayant totalement manqué en Europe, le commerce européen se rejeta sur les soies étrangères; une spéculation téméraire fit monter les prix à des taux tellement élevés que les filateurs ne purent suivre et il en résulta une crise grave pour l'industrie lyonnaise. Cette campagne mémorable fit affluer à Yokohama tout ce qui restait de soies anciennes au Japon; elle amena les Japonais à donner à la production de leurs soies d'été tout le développement possible; on fit des bivoltins puis des trivoltins et jusqu'à des quadrivoltins; on tira des mûriers tout ce que l'on put, on utilisa même les mûriers sauvages et les succédanés du mûrier, mais, tout en y joignant le stock arriéré des années précédentes, et en restreignant la consommation intérieure, on n'obtint que 21,000 balles pour cette année exceptionnelle. Il n'y a donc plus aucun doute à élever sur la limite maximum de cette production du pays.

La soie japonaise est naturellement fine. Les paysans la filaient irrégulièrement; de grands progrès ont été faits de ce côté, grâce à la création de la filature de Tomioka (due à M. Brunat) qui a servi de point de départ pour l'introduction des procédés européens; on est ainsi arrivé à augmenter de moitié la valeur de certaines soies.

Le tableau suivant donne le nombre de balles exportées du Japon depuis 1870 [1] :

Du 1er juillet 1870 au 1er juillet 1871 . . . . . . 8,467 balles.
— 1871 — 1872 . . . . . . 14,635 —
— 1872 — 1873 . . . . . . 14,428 —

[1] Voir à la fin de la 3e partie la note relative à la consommation des soies en France.

Du 1er juillet 1873 au 1er juillet 1874	. . . .	14,520 balles.
— 1874 —	1875	11,941 —
— 1875 —	1876	13,591 —
— 1876 —	1877	21,173 —

Si on veut avoir une appréciation exacte de la production japonaise, il faut y joindre divers produits secondaires de la soie qui ont figuré pour les chiffres suivants dans le commerce d'exportation de l'année 1876 à 1877. Cocons percés et non percés 538,916 piastres, déchets de soie 198,213 th, soies en pièces 15,869 th.

Enfin, chacun sait que, depuis la maladie des vers à soie, l'Europe tire du Japon une grande partie des graines dont elle a besoin. Les premières expéditions furent des graines choisies, provenant des cocons robustes de la montagne; les Européens les achetèrent à des prix tellement élevés que les Japonais se mirent à faire des graines partout et avec toute sorte de cocons, ils en produisirent beaucoup au delà des besoins et ne craignirent pas de remettre leur restant en vente les années suivantes. On comprend que de semblables pratiques aient profondément altéré les qualités des cartons; le gouvernement japonais aurait pu les arrêter en apportant une réelle rigueur au timbrage qu'il opère sur les cartons pour en garantir les provenances, mais les mesures qu'il prit furent insuffisantes; le timbrage des consulats européens ne pouvait pas être non plus une garantie bien sérieuse. Les éducateurs européens remédièrent en partie à ces inconvénients en envoyant de petits commerçants choisir chaque année à Yokohama les graines dont ils avaient besoin, mais ces commissionnaires ne pouvaient rapporter que les qualités les moins mauvaises, et, comme ils ne les payaient plus aux prix anciens, les Japonais les rendirent responsables de la dépréciation de l'article et les combattirent, surtout en 1876, à l'aide de procédés de nature à leur enlever toute envie de revenir. Les éducateurs de France et d'Italie n'auront donc même plus la minime garantie que leur donnait l'intervention de ces commissionnaires; ils feront sagement de revenir à leurs graines indigènes en leur appliquant la méthode de sélection de M. Pasteur, et si cette ressource ne leur suffit pas, ils devront tâcher de se procurer des graines du Nord de la Chine ou de la Sibérie.

Les exportations en 1875 ont été de 727,463 cartons valant 474,921 th; l'année suivante, l'Europe perdit toute sa récolte de soie et fut contrainte d'acheter au Japon 1,018,525 cartons au prix de

1,902,271 #. Les prix de cette dernière année varièrent de 3#,90 à 0#,90 par carton. Il est regrettable que les Japonais aient chassé les graineurs européens, car, non-seulement ceux-ci leur attiraient des commandes et garantissaient les livraisons, mais de plus ils revenaient eux-mêmes avec leurs marchandises par la voie de l'Inde, sans transbordement et prenaient, pendant la traversée de retour, toutes les précautions nécessaires pour assurer la conservation de leurs achats. Les Japonais ont opéré de ce côté un véritable suicide commercial ; l'expérience leur fera reconnaître que la probité et la régularité sont les véritables clefs de la richesse du producteur.

Soie des Bombyx yamamaï. — Aucun pays ne se trouve dans de meilleures conditions que le Japon pour élever les vers à soie dits *Bombyx yamamaï,* car ces vers y vivent spontanés et se nourrissent avec les feuilles des chênes blancs (*Q. serrata* et *Q. glandutigera*), ainsi qu'avec celles du chêne vert nommé chirakachi (*Q. glauca*), qui sont répandus dans tout le pays et qui n'y ont pas grand emploi. Malgré ces facilités, on en élève si peu que la soie yamamaï ne paraît pas sur les marchés de Yokohama et de Tokio, et que quantité de Japonais en ignorent l'existence. On attribue le non-développement de cette industrie en premier lieu aux grandes difficultés que cause le dévidage des cocons, puis au manque de finesse de la soie produite, enfin aux difficultés qu'on éprouve pour la teindre. Pour le moment, on ne fait qu'une très-petite quantité de ces soies, on les emploie comme trames de certaines étoffes fortes, on les associe aussi aux soies du mûrier dans certaines étoffes pour y obtenir deux tons en profitant de la différence d'action des bains de teinture sur les deux espèces de soie ; enfin, on en fait quelques étoffes écrues. Puisque les Japonais préfèrent cultiver le mûrier dans des champs qui leur donneraient de belles récoltes de céréales et y consacrer leur main-d'œuvre et leur engrais plutôt que d'utiliser les feuilles de chêne qu'ils peuvent se procurer sans presque dépense ni travail, nous en pouvons conclure que l'industrie du yamamaï n'est pas très-lucrative.

Les espérances qu'on a fondées en France sur l'acclimatation des vers yamamaï et des nara japonais paraissent donc pour le moment exagérées ; cependant il convient de poursuivre les essais commencés, car il est probable que l'industrie européenne arriverait à résoudre les difficultés d'emploi si la production économique des cocons était assurée ; seulement il semble prudent, dans l'état actuel des choses, de ne faire ces essais que sur une petite échelle.

Les Japonais prétendent que ce ver se nourrit avec les jeunes feuilles des jeunes arbres des espèces suivantes, énumérées dans l'ordre de ses préférences : Kounougni (*Q. serrata*, chêne blanc), chirakachi (*Q. glauca*, chêne vert), onara (*Q. glanduligera*, chêne blanc), m'mé (*Prunus m'mé*, abricotier), yamamomo (*Myrica rubra*), kouri (*Castanea vulgaris*, châtaignier), sii (*Q. cuspidata*, chêne vert), yanagni (*Salix sp.*, saules divers); ils ajoutent qu'il refuse les feuilles de l'akakachi (*Q. Buergerii*, chêne vert) et celles du kachiwa (*Q. dentata*, chêne blanc) qui, toutes deux, naissent couvertes d'un épais duvet sur les deux faces. Il est probable qu'il se nourrirait également avec les feuilles de nos chênes d'Europe qui ressemblent à l'onara, mais il ne faut pas oublier qu'il lui faut les jeunes feuilles des jeunes taillis. Les feuilles de prunier et de pêcher lui conviendraient peut-être aussi.

La première difficulté de ces éducations provient de ce que les vers éclosent avant les bourgeons des feuilles qui doivent les nourrir ; à ce point de vue les essences d'arbres précoces sont à recommander. A Iokoska, dans l'année 1877, les onara ont fait leurs feuilles du 10 au 15 avril, les kounougni du 15 au 20, les sii du 1er au 5 mai, les chirakachi du 10 au 15 mai, et les akakachi du 15 au 20 mai. Dans le Sud, ces essences sont un peu plus hâtives.

La seconde difficulté est que le ver, étant élevé en plein air, peut quitter les lieux où on l'a nourri et aller déposer son cocon ailleurs. Cependant il n'émigre pas volontiers ; il reste dans l'endroit où on l'élève quand il y trouve une nourriture abondante, et surtout quand rien n'y vient troubler sa quiétude. Mais on assure qu'il suffit d'un bruit, d'un coup de fusil par exemple pour le faire fuir.

Le troisième obstacle est que les oiseaux et quantité d'animaux des forêts en sont très-friands.

Sauf cela, ce ver est très-robuste : il ne craint ni le vent, ni la pluie, ni le soleil, il réussit mieux en plein air qu'abrité dans les maisons.

Les Japonais, voyant l'intérêt que les Européens attachent à ces éducations, s'en sont occupés d'une manière toute spéciale dans ces dernières années et ont publié à cet égard plusieurs ouvrages. Il faut considérer les méthodes d'éducation qu'ils décrivent comme des conseils et non comme des procédés usités et sanctionnés par l'expérience. Cette réserve admise, voici la méthode qui paraît devoir donner les meilleurs résultats.

Planter les chênes en ligne à 1 mètre de distance en tous sens et les conduire en taillis ne dépassant pas 2^m,50 de hauteur. Conserver les graines des vers dans des sacs en chanvre placés dans un local frais et bien aéré ; en retarder l'éclosion autant que possible ; au besoin les descendre dans une cave dès que la température commence à devenir tiède. Quand on voudra les faire éclore, fixer les graines avec de la colle sur de petites bandes de papier et les attacher aux arbres ; mettre deux litres de graines par hectare ; à défaut de forêts homogènes de chênes convenables, tâcher d'avoir des chênes assez isolés pour que le ver ne soit pas tenté d'émigrer. Si les conditions sont tout à fait mauvaises de ce côté, mettre les vers dans un endroit isolé, au milieu d'un champ, ou mieux au milieu d'un étang et d'un cours d'eau, et leur apporter leur nourriture.

L'éclosion a lieu aussitôt l'exposition des graines ; on n'a pas à s'en occuper autrement que pour défendre les graines et les vers contre les animaux. On a les cocons 60 jours après. On dit que chaque pied de chêne produirait 10 cocons pesant ensemble 30 grammes et donnant 1^{gr},2 de fil. On expose les cocons au soleil pour les étouffer, mais si le temps est défavorable, on peut les exposer directement au feu. On compte une journée d'ouvrier pour filer 100 cocons.

Pour obtenir des graines, on isole chaque couple dans des cages en bambou, puis, après l'accouplement, on réunit les femelles ensemble dans des cages analogues ; elles déposent leurs graines sur les bambous. Il faut un millier de couples pour avoir les deux litres de graines nécessaires pour un hectare.

Les provinces où l'on élève des yamamaï sont celles de Fizen, Boungo, Rithiou, Mino, Owari, Totomi, Sourougma, Kaï, Chinano et Kotské ; on n'en signale pas d'éducation dans le Nord de Nippon.

Shiro (*Chamærops excelsa Thunb.*). — On rencontre le *Chamærops excelsa* sur tout le littoral du Japon, depuis le Sud de Kiousiou jusqu'au Nord de Nippon ; il disparaît dès qu'on s'élève dans les montagnes de l'intérieur. Il pousse parfois spontanément sur le bord des taillis ou au milieu des mauvaises herbes, mais ce n'est néanmoins qu'une espèce cultivée ; chaque paysan en élève quelques pieds autour de sa maison ou le long de son champ. Il résiste parfaitement aux froids du littoral, il est plus rustique que l'oranger ; il aime l'exposition du Midi, les terres argileuses et l'abri des grands vents.

On laisse croître tranquillement les jeunes sujets jusqu'à ce qu'ils aient atteint 0^m,80 de hauteur. Vers le mois de septembre de chacune des années suivantes, on coupe celles de leurs feuilles qui sont âgées de plus de deux ans, ainsi que les gaines filamenteuses qui en enveloppent les pédoncules; on ne laisse donc que le bouquet des feuilles supérieures produites pendant les deux dernières années. Cette opération donne des matières utiles et hâte la croissance des tiges en hauteur.

Ces gaines filamenteuses servent à fabriquer des balais, des brosses à laver, des jouets d'enfants, tels que chevaux et perruques. On en sépare également la matière filamenteuse en s'aidant d'un rouissage préparatoire qui dure environ une semaine et on en fabrique des cordages qui ont la réputation d'être imputrescibles ; ces derniers sont recherchés par les jonques japonaises comme câbles d'amarrage ou autres; ils coûtent à poids égal seulement les ⅓ du prix des cordages en chanvre, mais si l'on tient compte de leur faible résistance, on trouve que leur prix est encore bien élevé.

On en fait également de petites cordes spécialement réservées pour les ligatures exposées aux intempéries de l'air, telles que les amarrages des bambous formant des barrières et des clôtures.

Les feuilles, cuites dans l'eau, ou mieux dans la vapeur, deviennent blanches et servent à faire des nattes spéciales et divers coussins, tels que de petits phtons, des oreillers (*makouras*), des coussins pour l'intérieur des chapeaux, etc.

Les tiges ne sont pas imputrescibles, comme le disent certains indigènes, mais elles résistent longtemps aux intempéries de l'air. Cette précieuse qualité les fait employer comme pilotis dans diverses constructions et comme traverses destinées à dévoyer les eaux qui ravinent les chemins. On en fait aussi des piliers d'apparence rustique pour mettre dans l'intérieur des appartements, enfin on les fore quelquefois pour en fabriquer des pots de fleurs. Elles atteignent 5 mètres de hauteur sur 0^m,35 de circonférence uniforme.

Ces arbres fructifient à Tokio à l'exposition du Midi et à l'abri du vent, les graines y pourrissent promptement même sur l'arbre; elles sont rapidement attaquées par les insectes.

Matières diverses. — Les Japonais refendent les tiges de bambous en morceaux de petite section; ils les râclent pour les amener à l'état de baguettes et quelquefois à l'état de véritables fils, puis ils en fabriquent des stores, des nattes, des paniers et des revêtements pour certains objets de porcelaine.

Ils font également de grossiers cordages avec les filaments qu'ils extrayent des écorces du kéaki et d'élégants chapeaux avec les feuilles du *Cycas revoluta*.

Ils utilisent beaucoup de lianes, surtout des glycines, pour leurs liens et amarrages.

On affirme que, jadis, ils faisaient des vêtements avec les fibres des écorces du kozou (*Broussonetia papyrifera*) et même du gampi (*Lychnis grandiflora*), mais ces coutumes sont abandonnées depuis longtemps.

Ils ont, en outre, quantité de matières textiles d'origine herbacée, le coton, le chanvre, le ramié, etc.; puis, pour les usages secondaires, ils possèdent la paille de riz dont ils font leurs chaussures et tous leurs menus cordages, les joncs avec lesquels ils fabriquent leurs nattes les plus fines et leurs chapeaux communs, les herbes qu'ils emploient à des travaux analogues grossiers, enfin les arbres et les arbustes dont ils tirent leurs papiers. Ils n'ont, par contre, aucune laine.

4° MATIÈRES PREMIÈRES DU PAPIER.

Mitsoumata (Edgworthia papyrifera). — Le papier le plus commun et le plus résistant se fabrique avec l'écorce du mitsoumata (littéralement : triple fourche), ainsi nommé parce que ses branches et ses ramilles poussent toujours au nombre de trois symétriquement placées par rapport à leur support. C'est un arbuste de 1^m,50 de hauteur, qui fleurit en hiver, alors qu'il est dépouillé de ses feuilles, et qui est spontané dans Nippon. On le cultive dans des terres très-médiocres, notamment dans les ponces volcaniques qui sont au pied de Fuziyama. Quand la tige a atteint son développement normal, on la coupe au ras du sol ; l'année suivante, la souche donne plusieurs rejetons, qu'on coupe à leur tour quand ils ont atteint la force voulue ; ceux-ci sont alors remplacés par d'autres rejetons plus nombreux encore, de telle sorte que chaque pied devient un groupe de rejetons compacte et buissonneux.

Kozou (Broussonetia papyrifera). — Le bon papier se fait, au contraire, avec le kozou (*Broussonetia papyrifera*). C'est un arbrisseau de la même famille que le mûrier, qui atteint 2^m,50 de hauteur de tige. Il a été introduit de Chine ; on le cultive dans tout le Japon pour la fabrication du papier. On plante ordinairement les pieds à 0ᵐ,60 de distance les uns des autres comme bordure de champs ou sur les talus des terrains cultivés en étages superposés ; les branches finissent bientôt par se rejoindre et par former une sorte de haie. On n'en fait pas de culture homogène. Placé dans de bonnes conditions, il fait des pousses de 3 mètres par an. La récolte se fait, chaque année, en octobre, à partir de la quatrième ou de la cinquième année qui suit la plantation. On prétend que la quantité d'écorce produite annuellement par hectare de terrain atteint 1,800 kilogr., chiffre qui paraît bien exagéré.

La fabrication du papier s'opère de la façon suivante : On dispose les ramilles dans l'eau pendant une quinzaine de jours ; l'écorce extérieure se détache si l'eau est dormante ; elle est, de plus, entraînée si l'eau est courante ; la couche intérieure d'écorce reste, au contraire, adhérente à la tige, on la lève par lanières, on la ratisse, on la lave, on la sèche et on l'emmagasine si on ne la met pas de suite en travail ; c'est la matière première du papier. Pour en faire du papier, on la soumet, pendant 3 ou 4 heures, à l'action de l'eau bouillante et de la vapeur d'eau, ce qui la rend molle, puis on la pile et on achève de la diviser en la frappant vigoureusement avec des bâtons à arêtes un peu rugueuses. On obtient, de la sorte, une pâte qu'on rend aussi fine qu'on le désire ; on la mêle et on la malaxe avec de l'eau dans une cuve en bois où l'on puise avec la forme pour avoir le papier.

Le papier de kozou a une grande résistance, surtout dans le sens dans lequel l'ouvrier a étendu les fibres en retirant sa forme de la pâte. C'est grâce à cette propriété que les Japonais peuvent utiliser leur papier à mille usages inconnus en Europe ; ils en font des vitrages pour leurs maisons, des bandages pour les plaies, des mouchoirs de poche, des cordes pour lier de petits objets, des fils pour fabriquer des objets de faibles dimensions et de formes spéciales, tels que des chapeaux, des porte-cigares, etc.

Quand on veut obtenir des papiers plus résistants, on passe la forme une seconde fois dans la pâte dans un sens perpendiculaire à la première opération pour croiser les fibres ; le papier ainsi obtenu est très-résistant en tous sens. On en fait même qui ont trois ou quatre couches superposées, croisées de la même façon. C'est en opérant ainsi qu'on obtient les beaux papiers dont on fait les couvertures des parapluies, celles des voitures, les manteaux de pluie des voyageurs, les bâches des marchandises, les enveloppes des ballots, etc.; on a soin de les huiler avec l'abouragni pour leur donner l'imperméabilité nécessaire. Ce sont d'excellents produits auxquels on ne peut reprocher qu'une odeur désagréable et un peu de raideur.

C'est aussi avec le kozou qu'on fabrique, par des procédés encore inconnus, ces magnifiques papiers-cuirs, avec ou sans relief, dont on fait, entre autres choses, des blagues à tabac et des porte-cigares.

Gampi (Lychnis grandiflora). — Les Japonais fabriquent enfin un papier pelure, transparent, aussi résistant que celui du kozou, mais ayant une finesse et une souplesse incomparables. La qualité qui pèse 0ᵏ,250 les 100 feuilles de 0ᵐ,500 × 0ᵐ,360, donne un papier calque remarquable ; on peut le froisser, le comprimer, le rouler, en faire même de véritables boules sans que le dessin en souffre. On en fait de beaucoup plus légers, mais ils n'ont plus alors assez de résistance et d'homogénéité pour servir de papier calque.

Ce beau produit est fabriqué avec l'écorce d'un arbrisseau spontané au Japon, mais peu répandu, qu'on nomme le gampi et qui paraît être le *Lychnis grandiflora*. Ses fleurs paraissent en novembre et persistent presque tout l'hiver. Il vient en sous-bois. On le rencontre à l'état d'arbuste dans les forêts du centre de Nippon, mais il devient très-grand dans l'île d'Yéso. Son écorce est fine et mucilagineuse.

Matières diverses autres. — Les Japonais viennent de trouver un papier ayant une résistance extraordinaire; il a figuré à l'Exposition de Paris, la base en est encore inconnue.

Pour les qualités secondaires, ils ajoutent fréquemment aux pâtes de mitsoumata et de kozou divers ingrédients, tels que de la paille de riz, des fibres corticales de mûrier, des pousses de jeunes bambous n'ayant pas encore de ramilles latérales. Depuis quelques années, ils fabriquent, en outre, les papiers collés analogues à nos produits européens, lesquels conviennent mieux pour l'imprimerie que les produits indigènes.

On colle rarement les papiers du pays; quand on fait cette opération, on emploie un mucilage fabriqué avec l'écorce d'un arbrisseau nommé ouri (*Marlea japonica* [?]) qui atteint 3 mètres de hauteur. Les Japonais prétendent que cette écorce doit être levée aussitôt après la montée de la sève et être séchée à l'ombre, que l'écorce d'automne ne produit pas de colle; ils disent que les feuilles donnent d'aussi bons résultats que l'écorce, mais ils ne les emploient pas.

On obtient un mucilage de seconde qualité avec la racine d'une plante herbacée qui ressemble au cotonnier et qu'on nomme néri ou nori (littéralement : empois) de la famille des malvacées. On en fait des cultures spéciales. À l'automne, on arrache les racines, on en coupe les extrémités qui sont trop pauvres en amidon, et on ne garde que les parties renflées ; on les fait sécher pour pouvoir les conserver ; quand on veut les employer, il suffit de les concasser et de les enfermer dans un sac qu'on met dans de l'eau chaude. On emploie aussi, dit-on, les racines du toro, qui est aussi nommé tama ou ochocki (*Hibiscus manihot*), plante remarquable par ses grandes et belles fleurs rouge foncé.

La qualité inférieure s'obtient en prenant les tiges sarmenteuses du binan kadsoura (*Kadsoura japonica*), en les râclant un peu, puis en les mettant dans l'eau chaude. Les parties voisines des racines sont les plus riches. Cet empois est aussi fort employé pour dégraisser les cheveux et leur donner du luisant.

Enfin, on recueille parfois la sève du kozou (*Broussonetia papyrifera*) pour la mêler à de l'empois d'amidon, mais cette dernière méthode est peu employée.

5° PRODUITS PHARMACEUTIQUES.

Camphre. — Le produit pharmaceutique du Japon le plus important est le camphre, qu'on extrait du camphrier (*Kssou*) dans les îles de Sikokou et de Kiousiou [1].

L'appareil avec lequel on opère ces extractions se compose d'une marmite en fonte reposant sur un fourneau et recouverte par un dôme en argile qui est percé, à sa partie supérieure, d'un trou carré. On verse, par cette ouverture, 250 kilogr. de menus copeaux de kssou et 80 litres d'eau ; on ferme l'orifice de chargement à l'aide d'une petite caisse en bois, dépourvue de couvercle et renversée, qui forme coffre à vapeur et qui porte sur l'une de ses faces le trou dans lequel on engage le tuyau en bambou qui conduit la vapeur au condenseur. On lute les joints avec de l'argile.

[1] Il ne faut pas confondre le camphre du *Laurus camphora* avec une autre variété de camphre importée de Sumatra et de Bornéo en fragments gros comme des pois qu'on retire cristallisés de l'intérieur du *Dryobalanops camphora*.

Le condenseur est une caisse en bois sans couvercle, longue de 1ᵐ,60, large de 0ᵐ,80, profonde de 0ᵐ,22, dont le fond est exhaussé de 0ᵐ,10 et dont la hauteur totale est 0ᵐ,35 ; cinq cloisons transversales en divisent l'intérieur en six compartiments égaux mis en communication à l'aide de petits trous diagonalement opposés. Cette caisse est renversée au-dessus d'un bain d'eau de 0ᵐ,10 de profondeur, le bambou y amène la vapeur dans l'un des compartiments extrêmes. Celle-ci circule successivement dans chacun des six compartiments et s'y condense au contact de l'eau ; les gaz excédants s'échappent par un tuyau

Coupe O P.   Échelle au $\frac{1}{50}$.   Coupe R S.

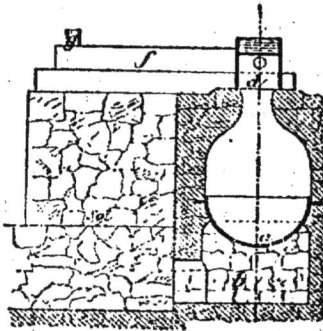

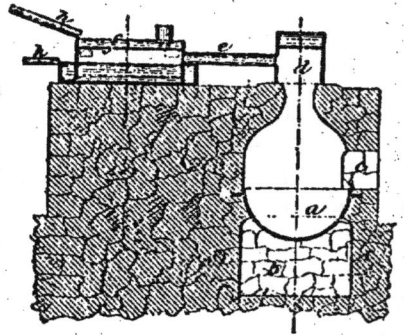

Projection horizontale.

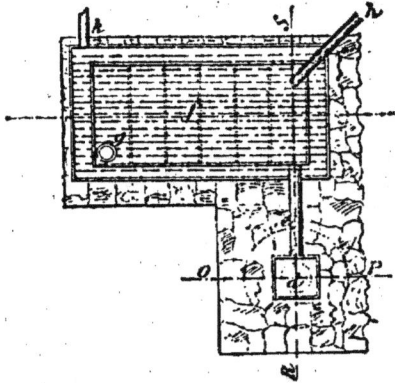

LÉGENDE.

a) Marmite en fonte reposant sur un massif en terre et recouvert par un dôme en terre.
b) Cavité pratiquée dans le massif en terre pour servir de foyer.
c) Orifice pour le chargement des copeaux.
d) Petite caisse en bois servant de prise de vapeur.
e) Tuyau en bambou servant à l'écoulement des vapeurs non condensées.
h) Tuyau en bambou amenant de l'eau au condenseur.
k) Tuyau en bambou évacuant le trop-plein de l'eau du condenseur.

Détail du condenseur.
Échelle de $\frac{1}{15}$.
Coupe A B.

Coupe C D.

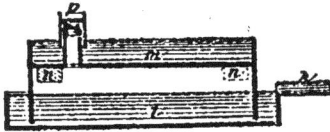

Coupe M N.

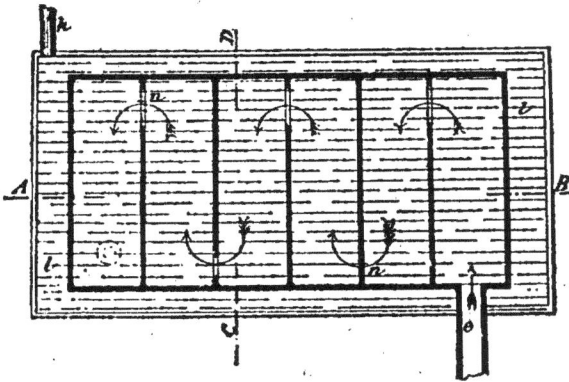

LÉGENDE.

l) Caisse inférieure en bois.
m) Caisse en bois portant cinq cloisons transversales et renversées dans la caisse *l*
n) Vide pratiqué dans les cloisons transversales pour le passage des gaz.
p) Bambou servant de bouchon pour régler l'écoulement des gaz.

en bambou monté sur le dernier compartiment et fermé par un bouchon qui règle leur écoulement. On a soin de faire arriver un petit filet d'eau au-dessus de cette caisse, ce liquide y occupe la hauteur de 0^m,10 ménagée à cet effet, le trop-plein s'écoule sur les parois verticales de la caisse et retombe dans le bain inférieur; la vapeur de camphre se trouve ainsi partout en contact avec l'eau, quelles que soient les fuites produites dans l'appareil.

Il est difficile d'imaginer un système plus simple et moins dispendieux; il fonctionne à merveille sans fuites d'aucune espèce. Le combustible employé est le résidu des copeaux précédemment distillés. L'opération dure trois jours. Quand elle est terminée, on lève le condenseur et on trouve flottant à la surface de l'eau une matière blanche, grasse, peu volatile, qu'on enlève et qu'on dépose dans un baril spécial, percé d'un trou à sa partie inférieure et fermé par un couvercle. Pendant les deux ou trois jours suivants on voit s'écouler par le trou inférieur une huile odorante, qu'on utilise comme huile à brûler, et il reste dans le baril un camphre impur qu'on vend aux négociants européens d'Osaka sous le nom de camphre brut et qu'on raffine en Europe.

Le rendement varie avec la saison. Aux mois de mars et d'avril, on distille des copeaux très-riches en sève levés à l'aide d'entailles pratiquées près des racines, qu'on rafraîchit de temps à autre pour faciliter l'écoulement de la sève. Ces matières rendent $\frac{4}{100}$ de leur poids en camphre brut, non compris $\frac{1}{100}$ d'huile à brûler. On gemme ainsi les arbres pendant de nombreuses années à la montée de la sève; on ne s'arrête qu'au moment où les entailles progressant successivement ne laissent plus au pied de la tige assez de matière pour soutenir l'arbre qui serait alors renversé par le vent si les bûcherons ne l'abattaient pour éviter des accidents. Ces troncs sont refendus en tout petits morceaux aussitôt après leur abatage; leur distillation occupe encore la fabrique au delà du mois d'avril, mais ils sont moins riches en résine et ne rendent plus que $\frac{2}{100}$ de leur poids de camphre brut et $\frac{1}{100}$ d'huile, souvent même moins.

La puissante végétation du camphrier rend cette industrie très-lucrative; les habitants ont par suite exploité tous les arbres de cette essence, sans souci de leur reproduction; le mal est devenu tel que depuis 1874 le Gouvernement en a interdit la fabrication dans l'île de Kiousiou et ne la permet plus guère que dans Tosa. L'exportation du Japon, en 1874, a été de 679,758 kilogr., valant 777,500 fr.; pendant l'année 1876, elle est remontée à 483,000 kilogr., valant 610,000 fr.

Ce produit est généralement vendu par contrat avant son arrivée à Osaka, qui est la seule place de commerce où on le négocie. Ses prix pendant l'année 1877 ont varié de 12^{fr},50 à 15^{fr},50 par picul de

60ᵏ,500. Malgré tout le soin apporté aux emballages, il éprouve un déchet notable pendant la traversée d'Europe.

Matières pharmaceutiques autres. — La médecine indigène emprunte encore aux arbres et aux arbustes quantités d'autres substances. Elle applique une partie de la thérapeutique européenne telle que les médecins hollandais de la factorerie de Décima l'ont enseignée ; pour le reste, elle suit plus ou moins fidèlement les principes des Chinois. Depuis leur grande révolution politique de 1869, qui a fondé le gouvernement actuel, les Japonais se sont mis avec ardeur à apprendre les sciences européennes ; ils n'ont pas négligé la médecine, ils ont fait venir des professeurs d'Europe ; les vieilles traditions de thérapeutique indigène ont été battues en brèche, mais elles résistent énergiquement ; la preuve en est que les importations de remèdes européens ne dépassent pas 800,000 francs par an, chiffre insignifiant pour une population évaluée à 30 millions d'habitants, alors surtout que les services publics, guerre, marine et les résidents étrangers en consomment une fraction notable. La réforme médicale n'a pas encore pénétré sérieusement dans la population ; celle-ci applique encore ses remèdes traditionnels dont la plupart inspirent à nos docteurs européens une manifeste incrédulité ; leur nomenclature suivante n'est donnée qu'à titre de renseignement ; elle est extraite des anciens auteurs les plus réputés.

L'écorce et les racines du kouroumi (noyer) sont employées comme purgatifs, fébrifuges, diurétiques et comme spécifiques contre les maladies de la rate.

Les figues cultivées (itizicou) sont considérées comme des rafraîchissants contre les maladies d'entrailles et contre les hémorrhoïdes.

Les prunes (smomo) et les jujubes (natsoumé) servent de laxatifs.

Les fleurs produites par le sureau (niwatoco) et ses fruits sont des agents résolutifs et respiratoires ; son écorce calme les inflammations et purge ; le suc extrait de ses fruits guérit toutes les maladies de la peau.

Les fruits du cognassier (maroumérou) sont des résolutifs qu'on mêle aux cataplasmes.

Les fleurs, les fruits et les racines du grenadier (zakouro) calment les irritations de la gorge et des intestins ; ses racines sont un spécifique contre le ver solitaire.

L'écorce de saule (yanagni) s'emploie en poudre ou en infusion contre les maladies des poumons et des entrailles, contre les fièvres intermittentes et en général toutes les fois qu'il y a lieu de resserrer les tissus. Les fleurs cotonneuses de cette essence sont utilisées comme charpie et comme doublure des couvertures; les spatules des pharmaciens sont fabriquées avec son bois.

L'infusion d'écorce de chêne vert (kachi) resserre également les tissus, mais ne constitue qu'un médicament extérieur propre à laver les plaies, par exemple.

Les feuilles du néflier du Japon (biwa) sont fébrifuges et guérissent les nausées.

Le poivre du kocho (*Piper fouto kadsoura*) sert contre les rhumes, les fièvres intermittentes et pour activer la circulation du sang.

L'écorce du hô (*Magnolia hypoleuca*) est un remède réputé pour les rhumatismes, les fièvres intermittentes et les maladies de l'estomac.

L'infusion faite avec le calice de la fleur du kobouchou (*Magnolia kobus*) guérit tous les maux de nez.

Les gousses du saïkatchi (févier) activent la circulation du sang, combattent les refroidissements des membres ainsi que les ganglions et les hémorrhoïdes; elles raniment les asphyxiés, les noyés, etc.

L'écorce du kaki (*Diospyros kaki*) combat les fièvres intermittentes; on en fait aussi des gargarismes. Ses fruits encore verts (chiboukaki) remplacent le tannin dans les préparations pharmaceutiques. Ses fruits mûrs, frais ou secs, tiennent lieu de sucre; on en interdit l'usage aux femmes en couche.

On extrait des fruits du sanchio (*Xanthoxylum piperitum*) une substance révulsive et vésicatoire.

L'écorce du chakoudan (?) colore les médicaments en rouge.

L'écorce de l'orange bigarade (daïdaï) sert à parfumer les aliments et à fortifier l'estomac.

L'essence de nikkei (*Cinnamomum Loureirii*) est un agent sudorifique et stomachique fort employé contre les rhumes; elle ravive la sensibilité du palais et donne bon goût aux médicaments répugnants.

L'infusion de racines du kouzou (*Pueraria thunbergiana* [?]) constitue un mucilage adoucissant qui remplace la gomme arabique.

L'infusion de jeunes feuilles de biakouchin (*Juniperus japonica*) est un remède stimulant, diurétique, sudorifique, qui sert à régulariser les flux sanguins; on l'emploie souvent sous forme de pommade en la mélangeant avec de la résine et de la cire.

On emploie aussi comme sudorifique et diurétique le fruit du tochiochi (*Juniperus*), notamment dans les cas de rhumes.

Les fleurs du moksei (*Olea flagrans*) guérissent les maux de dents ; on les emploie tantôt fraîches mêlées avec du sel, tantôt sèches en infusion.

On recueille la sève du kirinketzou (?) en pratiquant des incisions transversales sur son tronc et sur ses racines ; ce liquide est un remède des maladies du cœur et du sang.

On donne les feuilles du tobira (*Pittosporum tobira*) mêlées avec du sel pour les maladies de l'espèce bovine.

Les racines du goumi (*Eleagnus glabra*) arrêtent les crachements et les vomissements de sang.

L'écorce du mourrassaki-skibou (*Callicarpa purpurea*) est un spécifique de tous les maux de la bouche.

L'infusion d'écorce de bouleau (chirakamba) guérit la jaunisse, les tumeurs au sein et les éruptions de toute nature.

On emploie l'écorce de l'orme (niré) comme purgatif, diurétique et comme remède des croûtes de la tête des enfants et des mouvements nerveux.

L'écorce du kéaki active la circulation du sang et à ce titre est utilisée contre l'enflure générale du corps et contre les maladies d'entrailles des femmes.

Les fleurs du moukourodji servent contre les gonflements et les inflammations des paupières ; l'écorce du frêne (tonérico) guérit toutes les maladies des yeux.

L'écorce de l'acacia de Constantinople (némounoki) est utilisée dans les cas de loupes ou de douleurs résultant de coups anciens.

L'infusion bouillante de feuilles ou de fleurs du yeuzou (*Sophora japonica*) guérit les hémorrhoïdes et les dartres.

On recommande de ne pas manger trop d'amandes de l'arbre aux quarante écus (itio) ; prises en petite quantité, elles entretiennent la santé, prises avec excès elles rendent fou.

Les pédoncules du kemponachi (*Hovenia dulcis*) peuvent remplacer le miel, ils ont même action ; les enfants qui en mangent beaucoup n'ont pas la petite vérole. Le bois de cette essence gâte le saké et est un obstacle à sa confection.

L'infusion de thé aide la digestion et fortifie l'estomac ; elle agite quand on la prend avec excès. On recommande de se rincer la bouche avec un peu de bon thé après chaque repas.

On obtient une sorte de vinaigre de toilette en faisant digérer les fruits et l'écorce du massaki (*Evonymus radicans*) dans du saké. Quand on leur substitue les cendres produites par la combustion des feuilles, on forme une alcoolature avec laquelle on bassine les inflammations ainsi que les chairs dans lesquelles il est entré des éclats de bois ou des esquilles.

L'écorce du nichikigni (*Evonymus alatus*) sert contre les inflammations et les maladies vénériennes ; ses cendres sont employées contre les fièvres intermittentes ; le malade doit se borner à les respirer.

Les feuilles du chiragni (*Olea aquifolia*), desséchées et réduites en poudre, sont le seul remède pour les personnes qui ont été mordues par les souris ou les rats, ou qui ont mangé quelques restes de ces animaux.

Les feuilles et les fruits du nanten (*Nandina domestica*) servent dans les cas de léthargie, d'assoupissement ou de diarrhée.

On fait avec les feuilles et les tiges du kouko (*Lycium sinense*) une tisane calmante usitée contre les démangeaisons de la peau. On tire de son fruit une huile qui guérit les maux d'yeux. Sa racine produit une sorte de tubercule avec laquelle on prépare une infusion qu'on fait prendre dans les cas de vomissements de sang et avec laquelle on bassine les inflammations extérieures. Les taupes et les rats sont très-friands de ces tubercules et les mangent sous terre, de telle sorte qu'il est difficile de s'en procurer.

On trouve aussi au pied des vieux pins (matsou), et à peu de profondeur dans le sol, des substances de forme irrégulière, d'apparence homogène, que les Japonais appellent *boukouriou*. Pour les découvrir, on sonde le sol dans un rayon de 3 mètres autour des pins en se servant d'une tige de fer pointue qu'on enfonce avec ménagement ; quand on rencontre une pierre ou une racine, on éprouve seulement une résistance à l'enfoncement et non au rappel, tandis que la sonde qui tombe sur un boukouriou éprouve une résistance dans les deux sens, parce qu'elle a pénétré dans la matière ; on reconnaît ainsi l'endroit où il faut creuser pour trouver cette substance. Celle-ci se présente sous les formes les plus diverses, par masses qui atteignent jusqu'à 3 kilogr. Les uns prétendent que ce sont des produits de la décomposition des racines, d'autres y voient des dépôts de résine altérés, d'autres enfin les considèrent comme des truffes. Les Japonais en font une grande consommation, ils leur attribuent la propriété de faciliter les urines et d'arrêter les diarrhées et ils en font la base principale de toutes leurs préparations pharmaceutiques. Il y en a qui sont blancs, d'autres qui sont rouges; on préfère ces derniers; les plus réputés proviennent des provinces de Kii, Souwa, Tosa et Yamato. On affirme que les chercheurs de warabi en trouvent parfois dans des forêts où il n'y a pas de matsou, mais c'est une rare exception; on dit aussi que les insectes ne les attaquent jamais. Les Chinois en achetaient des quantités importantes il y a quelques années, mais ils cessèrent leur achats parce qu'on leur livra des produits contenant une proportion considérable de patates.

L'écorce, les racines et les fleurs du hatissou (*Nelumbo nucifera* [?]), surtout celles de la variété blanche, sont employées entre les dyssenteries, les hémorrhoïdes et les pertes de sang.

Les feuilles du tsougné (*Buxus japonica*) facilitent les accouchements.

Les feuilles de l'aoki (*Aucouba japonica*) sont résolutives; on les emploie tantôt fraîches, tantôt desséchées et incorporées dans une pommade.

Le boké (*Pyrus japonica*) donne un fruit aigre et acerbe qu'on prend cru ou cuit pour combattre les diarrhées accompagnées de vomissements fréquents dans les cas d'insolation.

On fait avec l'écorce du yamamomo (*Myrica rubra*) une infusion riche en tannin qui guérit les maux de dents et avec laquelle on lave toutes les plaies; les cendres de cette écorce guérissent les cicatrices.

Les fruits de l'oranger à trois feuilles (karatatzi) aident la digestion et calment le pouls; on les ordonne au début de presque toutes les maladies.

L'écorce du kiwada (*Evodia glauca*) guérit les maladies de la vessie et la dyssenterie; on en fait aussi des gargarismes et des solutions pour soigner les blessures des animaux.

Le liber de l'écorce du mûrier sauvage (yamakouwa) calme les douleurs d'entrailles des femmes; on recommande de le prendre sur les racines des sujets âgés d'au moins 10 ans. On en fait aussi le fil avec lequel on coud les chairs des plaies.

Les champignons produits par la décomposition du kouwa ont les mêmes propriétés que l'écorce précitée.

Le bambou, coupé par tronces de 0m,30 de longueur et exposé avec une certaine pente à l'action d'une étuve, laisse écouler une huile qu'on emploie contre les maladies nerveuses, tremblements, paralysie, etc. Ses feuilles, convenablement chauffées, servent à faire rentrer les hémorrhoïdes et les matrices. Son écorce intérieure arrête les saignements de nez. Parfois les insectes produisent dans sa tige une poudre jaune, on en fait un médicament pour les maladies des yeux et pour les épilepsies.

L'écorce de la racine d'oucogni (*Acanthopanax spinosa*) combat les contractions des muscles.

Les feuilles du matatabi (*Actinidia polygama*), arbuste grimpant, ont un goût piquant qui plaît beaucoup aux chats; son écorce leur est également agréable et leur sert de remèdes. On dit qu'il suffit de brûler un peu de bois de cette essence pour attirer toute la race féline des environs et que la poudre de ce bois est pour elle un vrai régal.

Notons encore le sankiral (*Smilax japonica*), plante grimpante abondante dans tout le Japon, qui est réputée comme spécifique de la syphilis. On emploie soit une tisane faite avec ses feuilles et sa tige, soit les nombreuses nodosités ou tubercules que produit sa racine. On prétend que dans les temps anciens une troupe de malades incurables fut abandonnée dans une forêt située à l'entrée d'une gorge de montagnes, et que ceux-ci, s'étant nourris de sankiral, guérirent et rentrèrent chez eux. Ce fait aurait fait donner à cette plante le nom de « revenir de la montagne ». Le voyageur qui traverse le Japon de nos jours et qui y voit pulluler côte à côte vénériens et sankiral, est porté à croire que les vertus de ce remède célèbre ont bien décliné depuis les temps légendaires.

Les Japonais attribuent aux racines du ninjin (*Panax repens*) la vertu de guérir tous les maux; ils racontent que l'un de leurs anciens médecins les plus estimés n'employait que ce remède, ce qui lui avait fait donner le nom de médecin Ninjin. Les Chinois, gens complétement rebelles à nos principes médicaux, continuent à faire du ninjin une des bases principales de leur thérapeutique; ils en achètent chaque année au Japon, sous le nom de ginseng, pour la somme d'environ 900,000 fr., à raison d'environ 20 fr. le kilogr. Les prix exacts à Yokohama étaient, en 1878, de $2^{\#},35$ à $2^{\#},65$ par catty [1] (soit de 20 à 23 fr. le kilogr.) pour les qualités ayant 70 à 80 racines par catty, et seulement $1^{\#},70$ à $2^{\#},05$ (soit de 15 à 20 fr. le kilogr.) pour les qualités ayant 100 à 120 racines par catty. Cette racine est tonique, stimulante et probablement aphrodisiaque, qualité que les Chinois apprécient entre toutes;

[1] Le catty pèse $0^{k},605$.

ils recherchent surtout la variété dite tiozen ninjin (littéralement : ninjin de Corée) ou otanéninjin (littéralement : ninjin dont la graine est fournie par le Gouvernement) et dont la racine est blanche. On la cultive dans le Nord de Nippon et dans Yéso. On sème les graines en automne; elles lèvent à la fin de mars. La croissance en est très-lente; les jeunes plants n'ont que 0^m,06 à 0^m,12 de hauteur à la fin de la première année; ils ne commencent à avoir des branches qu'à l'âge de 4 ou 5 ans et ils ne fructifient qu'à 10 ans. Leur racine est monstrueuse relativement à leur tige, elle porte à son collet une série de couronnes dont le nombre indique l'âge du sujet. On arrache les pieds vigoureux quand ils ont achevé leur quatrième année, on attend un an de plus pour ceux qui sont en terrain sec. La récolte se fait au mois d'août; on lave les racines, on les laisse une nuit dans l'eau, on les fait bouillir le lendemain, après quoi on les fait sécher trois jours au soleil et on les enferme dans une boîte hermétiquement fermée. On préfère celles qui sont bien droites et bien régulières. Le ginseng japonais est loin de valoir aux yeux des Chinois le produit similaire de la Tartarie; ce dernier vaut huit fois son poids d'argent; sa culture dans la Tartarie mandshoue est un monopole confié par l'empereur aux huit bannières, qui y affectent chacune un terrain spécial. Les marchands Hong étaient tenus d'en acheter pour 120,000 taels par an, qu'ils en eussent besoin ou non. Le ginseng récolté à Niug-Koola est réservé pour l'empereur et pour sa famille; on en distribue comme récompense à ses officiers et courtisans. Des peines spéciales atteignent ceux qui sont soupçonnés d'en récolter. Les prix élevés de cet article en ont fait introduire la culture jusqu'en Californie.

6° VERNIS ET LAQUES[1].

Les vernis et les laques se fabriquent à l'aide de diverses compositions dont la base principale est la résine extraite de l'ourouchi (*Rhus vernicifera*), qui a déjà été cité comme donnant la cire végétale.

Il ne faut pas confondre cette essence avec l'ailante, qu'on appelle à tort en Europe le vernis du Japon. Le P. d'Incarville en envoya le premier des graines à la Société royale de Londres. Miller les cultiva

---

[1] Voir dans la *Revue scientifique*, 2e série, 7e année, p. 1173, un article sur les laques du Japon rédigé par M. Maëda.

et les répandit en Europe; il prétendit que cet arbre était le fasi-no-ki de Kœmpfer, autrement dit le hazé, et il le considéra comme l'arbre dont les Japonais tiraient leur vernis. Cette erreur s'accrédita et, bien qu'on l'ait reconnue depuis, l'ailante n'en a pas moins conservé sa qualification première. Il conviendrait de supprimer cette appellation erronée.

Nous avons vu comment on plante et comment on cultive l'ourouchi; on en commence le gemmage quand les pieds ont atteint l'âge de trois ou quatre ans. On prétend que le produit serait moins bon si on attendait plus tard; il semble qu'en effet il y a intérêt, au point de vue de l'arbre lui-même, à ne pas lui laisser produire de graines quand on le destine à donner de la résine. L'ourouchi ne peut donner à la fois l'un et l'autre de ces deux produits, il faut opter entre l'un d'eux dès la jeunesse de chaque sujet. On recommande même de ne pas laisser accidentellement trop de sève aux pieds qu'on a l'habitude de gemmer, en d'autres termes de les résinifier très-régulièrement, faute de quoi ils souffrent.

Le gemmage s'opère en pratiquant avec un couteau des incisions tranversales dans l'écorce, la résine sort abondamment; quelques heures après on enlève avec la lame d'un couteau le bourrelet de matière qui a fait saillie. Cette opération doit être pratiquée d'une manière régulière une quinzaine de fois chaque année à partir du mois de mars jusqu'au mois de septembre. Le produit de chacune de ces quinze opérations est $0^k,060$ pour les arbres de vingt ans, dont la circonférence au pied est $0^m,75$ et dont la hauteur est $7^m,50$; il atteint $0^k,120$ sur les arbres de cinquante ans.

Le meilleur ourouchi pour les laques rouges provient des environs de Kioto; pour les autres laques, on préfère les produits des provinces de Moutsou, Dewa, Chimotské situées au Nord de Tokio.

On n'extrait pas de résine du hazé (*Rhus succedanea*).

On confectionne avec cette résine huit compositions principales pour laquer ou vernir les bois, chacune d'elles est destinée à atteindre un but particulier; les différents marchands qui les préparent emploient des mélanges et des dosages dont ils gardent le secret.

En voici la nomenclature:

Séchimé-Ourouchi .	Résine clarifiée mais pure de tout mélange.
Hana-Ourouchi . . .	Employé comme couche superficielle.
Roïro-Ourouchi . . .	Base des laques noires.
Nachizi-Ourouchi . .	Base des laques genre aventurine.

Chounké-Ourouchi. . Base des laques rouges.
Chiou-Ourouchi. . . Employé pour les laques vertes.
Yochino-Ourouchi. . Employé pour les laques violettes (vient d'Yochino,
                        près Nara).
Zioutiou-Ourouchi.

L'opération la plus simple consiste à vernir un bois homogène, uni,
n'ayant ni cavités, ni vaisseaux, tel que l'hinoki, et à lui conserver sa
teinte claire. Pour y arriver, on commence par poncer le bois avec
un soin extrême, puis on met une couche de séchimé, qu'on a eu
soin de rendre liquide par une addition de camphre ou d'huile de
sésame ; on l'étend uniformément sur toute la surface, on frotte pour
en imprégner le bois et pour obtenir une surface bien unie et bien
polie ; on donne une seconde couche si la première n'est pas suffisante, puis on termine par une couche de hanaourouchi.

Toutes les compositions à base d'ourouchi sèchent rapidement
quand on les travaille dans une atmosphère humide, et très-lentement
quand l'air est sec ; d'un autre côté, toutes noircissent au soleil et même
à la lumière ; pour ces deux raisons, les ouvriers travaillent toutes les
laques soignées dans des locaux pas ou peu éclairés, et pendant l'in-
tervalle de leurs travaux ils les enferment dans des endroits complètement obscurs, non aérés et humides. Malgré ces précautions, les vernis
japonais n'arrivent pas à la transparence des vernis européens, mais
ils se ramollissent moins à la chaleur que les vernis gomme-laque, ils
sont plus élastiques et plus durs.

Laque kidji. — L'opération est un peu différente quand il s'agit de
vernir des bois qui ont des vaisseaux. Dans ce cas, on mélange des
ocres jaunes pâles, nommées tonoko ou dinoko, avec moitié seulement
de leur volume de séchimé ; on en fait une pâte ou un mastic qu'on
étend sur l'objet à vernir, puis on frotte longtemps pour le faire pénétrer dans tous les pores du bois, après quoi on ponce avec soin la surface. Cette première couche se nomme le di. Quand elle est bien polie
et suffisamment dure, on applique une couche de hanaourouchi, puis
on frotte et on polit plus ou moins selon le degré de fini que le travail
demandé exige ; quelquefois on superpose de nouvelles couches d'hanaourouchi sur la première. Ce genre de vernis s'appelle kidji ; il est
transparent et il donne en noir foncé le dessin des vaisseaux qui res-
sort sur le fond plus clair du reste de la surface du bois ; l'effet en est
un peu dur, mais il a beaucoup de caractère. Ce vernis est résistant et

durable, on l'applique fréquemment sur les objets en kéaki et sur ceux en kouwa. En travaillant avec des précautions spéciales (ocre blanche, obscurité absolue, grande humidité), on arrive à diminuer le ton foncé de ce vernis et celui que prend le mastic noyé dans les pores du bois, mais on ne peut jamais obtenir un ton clair. Ce travail, pour être bien fait, demande environ un mois en bonne saison.

Laque noire. — Le roïro ou roïronouri, autrement dit la laque noire, est le produit le plus remarquable de l'industrie japonaise : sa solidité dépend du temps et de la main-d'œuvre qu'on y a consacrés. Les anciennes laques sont infiniment supérieures aux produits actuels, parce qu'on y employait une main-d'œuvre qu'on ne peut plus mettre maintenant ; le fait suivant témoigne de leur qualité surprenante. Le paquebot le *Nil*, qui rapportait les objets d'art ayant figuré à l'Exposition de Vienne, coula par environ 20 mètres de fond près du cap d'Idsou ; le gouvernement japonais fit extraire par des plongeurs ce qu'on put atteindre du chargement et entre autres choses des laques qui avaient séjourné quinze mois dans l'eau de mer ; toutes les vieilles laques étaient parfaitement conservées, mais celles de fabrication récente étaient totalement détériorées.

Ce genre de laque exige encore plus de travail que le précédent. On commence par raboter le bois avec le plus grand soin, puis on le ponce avec une pierre tendre à aiguiser qui joue le rôle d'une pierre ponce extrêmement fine, ensuite on applique la couche de di comme s'il s'agissait de faire un vernis kidji. Quand celle-ci est suffisamment frottée, poncée et polie, on applique la couche de roïro ; on attache la plus grande importance au poli de cette couche et on y met les plus grands soins ; on commence par poncer la surface avec de l'eau et du charbon fabriqué avec du bois de hô, puis on substitue à celui-ci du charbon fait avec du bois de sarroussoubéri, enfin on achève de polir en frottant la surface avec des cendres du bois de sarroussoubéri et un chiffon d'étoffe de soie. Quand on a obtenu le poli désiré, on met une couche de séchimé qu'on frotte à son tour avec de la cendre de corne de bœuf et de l'huile de sésame. Si on n'obtient pas un poli satisfaisant, on applique une seconde couche de séchimé et on la frotte de la même manière que pour la première couche. Le travail des laques de cette espèce, quand elles sont de qualités secondaires, demande seulement huit jours dans la saison humide ; on employait plusieurs mois pour la fabrication des belles laques anciennes.

Quand, au lieu de ces laques noires brillantes, on désire en avoir de ternes, appelées tsouyakéchi, il faut faire comme pour les roïro, et, une fois le travail achevé, les frotter avec de l'ocre très-fine (tonoko) et de l'huile.

Les laques noires contenant des feuilles de métal interposées se nomment akouoki et se fabriquent de la façon suivante. On commence par appliquer, comme à l'ordinaire, une couche de di, puis on étend une seconde couche formée de parties égales de roïro et de séchimé; on l'étale uniformément en la poussant avec une feuille de papier mince et aussitôt on dépose dessus les feuilles de métal (le plus souvent d'étain) qui y restent collées.

Les laques noires avec incrustations de nacre se fabriquent d'une manière analogue. On applique une première couche de di, puis une seconde de roïro, et, pendant que cette dernière est encore fraîche, on y projette la poudre de nacre, puis on applique par-dessus une nouvelle couche de roïro et on ponce avec le charbon selon la méthode ordinaire. On emploie pour ce travail les débris d'un gros coquillage en forme de colimaçon, appelé oranokaï (littéralement : coquille de trompe), parce qu'on en faisait jadis les trompes de guerre ; ses nuances sont plus appréciées que celles de l'awabi. On nomme ces laques aognaïnouri.

Les laques noires portent souvent des dessins (makihé) couleur or, qui sont généralement sur le même plan que le fond, mais qui parfois sont en relief.

Pour avoir le premier de ces deux genres, on fait la laque noire comme à l'ordinaire et on la termine totalement; puis on dessine le sujet voulu en se servant d'un pinceau trempé dans un mélange de séchimé, de camphre et de colle forte; on passe aussitôt après un second pinceau imbibé du liquide qu'on obtient en faisant bouillir longtemps des prunes-abricots (m'mé) très-vertes, et on projette sur les parties mouillées la poudre d'or ou d'argent colorante ; il ne reste plus qu'à recouvrir celle-ci à son tour avec une nouvelle couche de séchimé et à polir, selon l'usage, d'abord avec le charbon puis avec la cendre.

Quand on veut avoir des dessins en relief, on opère encore de même au début, et quand le dessin a été marqué avec le mélange de séchimé, de camphre et de colle forte, on dépose dessus une nouvelle composition formée de séchimé et d'ocre pâle fine (tonoko), avec laquelle on forme le relief désiré. Une fois ce résultat obtenu, on dépose sur ce relief l'infusion de m'mé, puis on termine comme précédemment en projetant la poudre métallique, en le recouvrant de séchimé et en ponçant. On opère d'une manière analogue pour faire des dessins sur les laques dont le fond n'est pas noir.

Laque aventurine. — La laque jaune, brillante, parsemée d'ordinaire de paillettes d'or, qui rappelle l'aventurine, se nomme nachizi (littéralement : taches de poires) et se fabrique de la façon suivante : On applique d'abord la couche de di; puis, au lieu de mettre du roïro comme seconde couche, on met du nachizi et, avant qu'il ait eu le temps de sécher, on projette à sa surface la poudre d'or ou celle d'argent. On laisse alors sécher, ensuite on ponce avec l'eau et le charbon de hô, puis avec le charbon de sarroussoubéri, puis avec les cendres de sarroussoubéri et un morceau d'étoffe de soie. Quand on a obtenu un poli suffisant, on met une couche de séchimé et on achève le travail en frottant la surface avec de la cendre de corne de cerf et de l'huile de sésame.

Laque rouge. — Quand on veut fabriquer la laque rouge, foncée, commune, dite chounké, on commence par passer sur le bois une composition obtenue en mélangeant de l'ocre rouge foncé (bénignara) avec la solution tannique obtenue en pilant des chiboukaki encore verts; cette application remplace la couche de di; dessus, on applique le chounké ourouchi qui est rouge foncé. C'est une laque commune que souvent on ne frotte même pas.

On fabrique une laque encore plus commune, de couleur blonde, nommée nochironouri, en passant sur le bois un mélange d'eau, d'ocre pâle ou de riz cuit, puis par-dessus une solution de tannin; le tout, légèrement poncé, est recouvert à son tour avec une couche de chounké-ourouchi.

Laque verte. — La laque verte (seichissou) s'obtient en mélangeant la matière colorante verte dans le chiourouchi et en l'étendant sur le bois sans autre préparation préalable.

On peut laquer tous les bois ordinairement employés en menuiserie, à l'exception du kssou (camphrier); la laque faite sur ce dernier bois se ramollirait quand la chaleur en dégagerait le camphre, lequel arriverait en contact avec le séchimé qui est la base de toutes les laques. Le hinoki (*Retinospora obtusa*) et le sirabi (*Abies Wetchii*) sont les résineux les plus appropriés à ces travaux; le hô (*Magnolia hypoleuca*) et le sakoura (cerisier) sont, de leur côté, les meilleurs parmi les bois feuillus.

Quelle que soit du reste l'essence employée, il faut que les bois soient parfaitement secs, autrement l'humidité intérieure tend à soulever la laque sous forme de cloches; il importe également que les objets à laquer soient parfaitement ajustés et cloués et que les assemblages ne puissent se disjoindre. Jadis on consolidait souvent les angles des objets d'art avec des bandes d'étoffe noyées dans la laque; cette pratique est actuellement abandonnée parce qu'elle nécessite beaucoup de main-d'œuvre.

L'humidité agit à la longue sur les laques et les détache des bois; l'exposition au soleil n'est pas moins dangereuse, il faut donc éviter l'humidité et le soleil pour les objets laqués qu'on veut conserver.

Les laques ne sont pas suffisamment appréciées en Europe eu égard à leur prix de revient, aussi l'exportation de ces articles n'atteint guère que 600,000 fr. par année et ne porte que sur des qualités très-communes.

7° MATIÈRES INDUSTRIELLES DIVERSES.

Matières premières pour teinture. — Il serait très-intéressant de connaître les procédés employés par les Japonais pour obtenir les belles nuances que nous admirons sur leurs vieilles étoffes, malheureusement leur teinture coûtait beaucoup plus que leur soie tissée elle-même, et l'introduction des matières colorantes d'Europe a permis d'obtenir à bien meilleur marché des nuances moins solides il est vrai, mais qui neuves produisent le même effet et dont on se contente. Il faut ajouter enfin qu'on a abandonné maintenant ces magnifiques costumes qui faisaient partie essentielle du cérémonial de l'ancien gouvernement; les vêtements des femmes eux-mêmes ont plus de simplicité; l'ancien art de la teinture est en décadence. C'est à Kioto qu'on fait ce qu'il y a de mieux, c'est là qu'il aurait fallu vivre pour approfondir cette industrie. Nos renseignements sont trop incertains pour nous permettre de donner autre chose que l'énumération des matières premières.

On fabriquait les teintures jaunes avec les matières suivantes rangées dans l'ordre de leurs qualités:

> Écorce du badjinoki.
> Écorce du dzoumi.
> Fruits du koutinachi (*Gardenia florida*).
> Écorce du kiwada (*Evodia glauca*).
> Écorce du inoukiwada.

On sait que le mikado, de même que l'empereur de Chine, ne portait que des vêtements jaunes. Les uns prétendent qu'ils étaient teints avec l'hadjinoki, d'autres avec le dzoumi; dans tous les cas, ce n'était pas avec la gousse du yenzou, comme l'ont prétendu certains auteurs européens. Le koutinachi et le kiwada sont les plus communément employés. On donne le nom de kiwada (littéralement : peau jaune) à plusieurs bois jaunes: l'un est l'*Evodia glauca*, commun dans les provinces de Yamato, Mino, Chinano et Totomi; l'autre est le *Phellodendron amurense*, abondant dans Yéso. C'est l'*Evodia glauca* qu'il faut considérer comme le vrai kiwada, parce que c'est lui qui donne la meilleure teinture, c'est lui aussi qu'on emploie en pharmacie. Il est probable du reste que les autres zanthoxylées du Japon donnent aussi de la teinture jaune. Les auteurs indigènes disent qu'on en peut encore obtenir des fleurs du yenzou et de celles du moukourodji (*Sapindus moukourodji*).

Les couleurs rouges proviennent des corolles du béni (littéralement : rouge), qu'on appelle aussi kourenaï (littéralement : couleur rouge), qui est la carthame des teinturiers (*Carthamus tinctorius*) et qu'on cultive exprès en plusieurs endroits. Les Japonais ont également plusieurs garances: l'une est le *Rubia cordifolia*, qu'ils nomment béni kadsoura (littéralement : liane rouge) ; l'autre est le *Rubia chinensis*, qu'ils appellent akané. Enfin, ils font une couleur vineuse commune en laissant digérer pendant une nuit des bois d'aulne (hannoki) avec de l'eau provenant de la cuisson du bois et des fruits du m'mé (abricot-prune). Puis ils paraissent avoir employé de temps immémorial, sous le nom de souo, des bois de teinture rouges importés par les Chinois.

Leurs couleurs bleues s'extraient de l'aï (*Polygonum tinctorium*), très-abondant dans le pays, surtout du côté de Niegata, et qui commence à devenir un objet d'exportation.

Ils font leur couleur noire avec le tannin et le sulfate de fer et ils tirent ce tannin des substances suivantes :

Écorce de kachiwa (*Q. dentata*).
— de itchii (*Q. gilva* [?]).
— de sii (*Q. cuspidata*).
— ou fruits du yachia ou du yachabouchi (*Alnus firma*. Aulne)
— ou fruits du hannoki (*Alnus maritima*. Aulne).
Fruits du chiboukaki (*Diospyros kaki*).
Chatons du kouri (châtaignier).
Galles diverses notamment celles du *Q. serrata*.
Brou des noix du kouroumi.

Les brous de noix servent à teindre les soies en noir. La matière tannante la plus communément employée par les teinturiers est l'infusion des cônes du yachia (*Alnus* [?]). La consommation en est assez considérable pour qu'on soit obligé d'en faire des plantations spéciales. A défaut, on emploie les cônes du hannoki. Les chiboukaki cueillis tout verts et pilés donnent un noir de qualité très-inférieure.

L'écorce du yamamomo (*Myrica rubra*) et celle du mûrier (kouwa) donnent des teintures se rapprochant de la nuance du bois de chêne; les fruits du katsou (*Rhus semialata*) donnent une couleur fer; l'écorce du hannoki produit des tons analogues, on l'emploie aussi dans des mélanges pour avoir les couleurs bleues. L'écorce du hinouki (?) donne enfin une teinture cannelle.

Matières premières pour tannerie. — Les tanneurs emploient les mêmes matières tannantes que les teinturiers. La plus appréciée est l'écorce de kachiwa; elle conserve la souplesse des objets; il en est de même de l'écorce du yamamomo; les pêcheurs recherchent ces deux matières pour tanner leurs filets.

La tannerie n'était pas en honneur sous l'ancien régime; ceux qui travaillaient les peaux étaient appelés *étas* et formaient la caste la plus méprisée du pays; on les considérait comme des êtres impurs et on les parquait dans des endroits déterminés; du reste ils étaient peu nombreux, car on employait fort peu de cuir. La révolution les a affranchis du régime d'exception auquel ils étaient condamnés. Leurs produits étaient fort médiocres, on y employait principalement une lessive de cendres de paille de riz de montagne additionnée de son de riz; c'est avec ce liquide qu'on épilait, nettoyait et corroyait les peaux.

Matières colorantes. — Les fruits verts du chiboukaki, pilés et additionnés d'un peu d'eau donnent un liquide fortement chargé de tannin dans lequel on ajoute du noir de fumée, on a ainsi la couleur noire commune avec laquelle on peint toutes les clôtures, une partie des façades des maisons, etc. La nuance en est foncée, vue de loin on la prendrait pour de la peinture à l'huile, mais elle n'adhère pas au bois, et quand on la touche, surtout après la pluie, on a les mains toutes noires. Les pluies mêmes la lavent un peu et il est nécessaire de la renouveler tous les deux ou trois ans. On se borne quelquefois à peindre les bois avec le liquide exempt de tout noir de fumée; on n'a dans ce cas qu'une nuance brune assez désagréable. La peinture à l'huile a été introduite par les Européens dans les travaux qu'ils dirigent, mais elle ne paraît pas devoir pénétrer dans les usages courants du pays à cause de son prix élevé.

Matières à poncer les bois. — Les feuilles de moukou (*Homoiocellis aspera*) servent à poncer les bois fins, surtout ceux qui doivent être laqués. On emploie également aux mêmes usages les feuilles de l'outsougni (*Deutzia scabra*) et les tiges du toksa qu'on colle sur des frottoirs en bois. Les travaux grossiers se font avec des peaux de poissons comme en Europe.

Amidon. — Les Japonais emploient peu d'amidon proprement dit, le riz qu'ils ont toujours sous la main leur sert à tous les menus travaux de collage qui nécessitent en Europe des matières spéciales; ainsi on cachette les lettres en écrasant quelques grains de riz mis de côté pendant le repas, chaque employé de bureau a constamment devant lui dans une petite soucoupe un peu de riz dont la cuisson a souvent été poussée assez loin pour l'amener à l'état d'empois.

Nous avons vu que pour l'encollage du papier on employait l'ouri, le nori et le binankatsoura.

On fabrique de l'amidon proprement dit à l'aide du blé (dont on ne fait pas de cas et dont le prix est généralement inférieur à celui de l'orge); on en fabrique également à l'aide des racines de la fougère (*warabi*). On en extrait exceptionnellement des tiges et des fruits du sotetzou (*Cycas revoluta*). Enfin, la racine du kouzou donne une matière amylacée qui tient lieu de gomme arabique en pharmacie.

Glu. — Le Japon est peut-être la seule contrée où la glu soit fabriquée sur grande échelle et où elle constitue un article important de commerce. On la nomme mochi (littéralement : substance gluante pour prendre les oiseaux) ; on l'extrait de l'écorce de l'*Ilex integra*, qu'on nomme pour cette raison mochinoki (littéralement : arbre à glu).

On enlève les écorces à partir du mois de juin, on les fait séjourner dans l'eau pendant quarante jours, puis après cette espèce de rouissage, on les bat dans un mortier de la même manière que s'il s'agissait de décortiquer du riz, mais en employant un pilon dont la face inférieure est garnie de pointes de fer qui pénètrent à chaque coup dans la matière. Dès que la masse commence à avoir de l'adhérence, on la lave avec de l'eau pour commencer à en détacher la matière ligneuse, puis on la pile de nouveau, après quoi on la fait bouillir dans un chaudron et on l'y agite d'une manière continue pour achever la séparation de l'écorce et de la glu : la première tombe au fond du bassin, la seconde surnage. Celle-ci, n'étant pas encore assez nettoyée, doit être de nouveau soumise à l'action du pilon et de l'eau bouillante ; on répète l'opération autant de fois que cela est nécessaire pour que la matière soit complétement purifiée. Le rendement est d'environ 1 kilogr. de glu pour 10 kilogr. d'écorce. Cette fabrication exige des ouvriers habiles, autrement la masse resterait adhérente à leurs mains, la trituration et le malaxage ne pourraient pas s'opérer dans des conditions convenables.

La meilleure qualité est blanchâtre, nette d'écorce, très-visqueuse et a une consistance un peu grumeuse ; elle vaut de 1# à 1#,50 le kilogramme à Osaka, qui en est le principal marché. Elle provient des provinces de Yamato, Kii, Tosa, Awa. On en fabrique d'une qualité inférieure dans la province de Satsouma, Boungo et Nagato au Sud, ainsi que dans celles de Isé et Mino. Ces deux dernières sont les limites nord de sa production, cependant le mochinoki s'élève beaucoup plus haut.

Cette glu doit surtout sa supériorité aux moyens mécaniques employés pour la séparer de l'écorce, lesquels sont préférables aux vieux procédés de décomposition en usage en Europe. Elle conserve toutes ses qualités pendant plusieurs années.

Les Japonais en font grand usage : ils prennent de petits oiseaux avec des pipeaux et des gluaux, comme on le fait en France ; ils en attrapent d'autres en les touchant avec de longs bambous englués ; ils s'en servent également pour saisir les rats, les mouches, les moustiques et même les puces. Ils l'emploient même pour la chasse des canards sauvages et autres oiseaux aquatiques ; à cet effet ils attachent bout à bout une grande quantité de jeunes brins de foudzi (*Wisteria sinensis*) et en constituent de longues cordes qu'ils engluent et qu'ils laissent flotter à la surface de la mer ; tout oiseau qui vient s'y poser est pris. Ce piége peut en prendre un grand nombre, puisqu'il suffit de remettre de la glu là où l'on a pris quelque chose. On prétend qu'on peut même prendre les singes avec cette matière, parce qu'aussitôt que ces animaux en ont aux mains, ils s'en mettent sur tout leur corps et ils s'épuisent en vains efforts pour s'en débarrasser, ce qui en rend la prise facile.

Les médecins l'emploient également comme remède contre les maladies d'yeux et contre les maladies d'entrailles ; ils s'en servent en outre contre les blessures, les coups et pour la fabrication des emplâtres.

On en peut extraire également de l'écorce de l'*Olea aquifolia* (chiragni), mais le rendement en est faible et la quantité en est médiocre.

Étoupes. — Les écorces de hinoki, de kooya maki, de sawara et de segni, dont nous avons vu la fabrication, fournissent les étoupes nécessaires aux jonques et aux bateaux indigènes. L'usage du calfatage est d'ailleurs fort restreint, parce que les virures de bordé des bateaux indigènes sont généralement reliées les unes aux autres à l'aide de clous qui traversent obliquement les joints et qui ne permettent pas l'écartement des bordages. Ce système est excellent pour les bâtiments qui n'ont ni membrure ni bordé croisé, parce qu'alors tous les bordages peuvent subir tous à la fois et sans se désunir les déformations que l'humidité, la sécheresse et les chocs leur imposent.

Goudron. — Jadis on ne goudronnait pas les étoupes provenant des écorces, ni les carènes, ni les cordages; on ne savait pas du reste extraire le goudron, et l'arsenal d'Iokoska a dû, à l'époque de sa fondation, s'approvisionner en Europe. Depuis lors, on extrait des matsou du pays la majeure partie des goudrons que la marine à vapeur consomme, mais la fabrication est mauvaise et les produits sont détestables.

Apparaux pour la pêche. — Les kamaébi (*Vitis labrusca*) sont des vignes sauvages; leurs nodosités contiennent fréquemment à l'automne de gros vers blancs que les pêcheurs recherchent pour servir d'appât dans la pêche à la ligne, surtout pour la pêche des carpes. On en donne également aux enfants et aux poitrinaires, comme on leur donnerait des escargots et des grenouilles.

Les pêcheurs se servent également de sanchio (*Zanthoxylum piperitum*) pour prendre le poisson; ils font bouillir les feuilles et surtout les fruits, ils répandent cette infusion dans les cours d'eau, le poisson est tué et vient flotter à la surface de l'eau; il n'y a plus qu'à le ramasser et à le laver dans une autre eau pour pouvoir le livrer à la consommation.

QUATRIÈME PARTIE.

___

FABRICATION DE DIVERS OBJETS EN BOIS

TRAVAUX DE TOURNERIE.

Les quelques grands objets tournés qui entrent dans les constructions japonaises sont en kéaki (*Planera japonica*); c'est encore avec ce bois qu'on confectionne actuellement les montants, les épontilles, les pieds de tables et les autres accessoires dont l'usage a été introduit par les Européens.

C'est également avec le kéaki qu'on fabrique les plateaux en bois tourné, communément employés dans tout le pays; les ouvriers qui les confectionnent préfèrent l'aubier au cœur du bois; on les trouve fréquemment installés dans des forêts au milieu de quantité d'arbres qu'ils ont abattus, dont ils ont enlevé l'aubier et dont ils ont laissé le cœur pourrir sur le sol. Ces plateaux sont quelquefois laqués, le plus souvent huilés; les qualités tout à fait communes se font en hêtre (*bouna*).

Les petits objets tournés sont fabriqués au contraire avec les divers bois suivants, rangés dans chaque groupe par ordre de qualité :

Objets blancs et durs de 1er choix.	Tsougné (*Buxus japonica*, Buis).
	Kaya (*Torreya nucifera*).
Objets blancs et durs de 2e choix.	Inoutsougné (*Ilex crenata*).
	Chiragni (*Ilex aquifolium*).
	Araragni (*Ilex latifolia*).
Objets de couleur, durs	Issou (*Distylium racemosum*).
	Chidé (*Aronia asiatica*).
	Mokkokou (*Ternstrœmia japonica*).
Objets de couleur, moins durs . .	Sakoura (*Prunus pseudocerasus*).
	M'mé (*Prunus M'mé*).
	Moukou (*Homoiocellis aspera*).
	Yenzou (*Sophora japonica*).

TRAVAUX DE GRAVURE.

Avant ces dix dernières années, toutes les publications indigènes se faisaient à l'aide de la gravure sur bois; depuis lors, on a introduit l'usage de l'imprimerie. Celle-ci se prête mal à la publication des ouvrages écrits en caractères chinois; elle oblige l'auteur à n'employer que les caractères carrés les plus usuels, aucune imprimerie ne pouvant avoir un matériel suffisant pour permettre l'emploi des quatre à cinq mille caractères qui forment la base de l'écriture des gens possédant une instruction moyenne; elle ne se prête guère qu'à l'impression de l'écriture vulgaire; de plus, elle nécessite un papier spécial et elle n'est économique que pour des tirages fort nombreux. Aussi la vieille industrie est tout aussi florissante actuellement que par le passé; elle ne souffre pas de la concurrence de l'imprimerie, elle arrive même à publier quelques journaux. Le sakoura (cerisier) est le bois qu'elle emploie ordinairement; elle a recours à l'inoutsougné (*Ilex crenata*) pour les travaux très-soignés et pour ceux qui ont un grand tirage.

Ces bois ne suffiraient pas pour les objets de luxe, principalement pour les cachets, dont toutes les classes de la société font usage au lieu et place de signature. Chaque fonctionnaire, quel que soit son rang, appose son cachet sur sa correspondance et sur les pièces qu'il doit viser, chaque commerçant fait de même pour ses lettres, ses factures, ses reçus, etc.; il n'est pas jusqu'au propriétaire qui n'opère de même, et chacun attache à la beauté de son cachet autant de prix qu'un commerçant européen à la régularité de sa signature. Les cachets les plus recherchés sont les plus petits et les plus fins; on les fabrique en buis (tsougné) ou en tsoubaki (*Camellia japonica*); la seconde qualité se fait en inoutsougné, la troisième en sakoura. Enfin, on confectionne pour les employés des douanes et des autres services similaires, de gros cachets grossiers en saule (*yanagni*) ou en peuplier (*yamanarashi*).

TRAVAUX DE SCULPTURE.

Les deux bois les plus usités pour les travaux de sculpture sont le hinoki, avec lequel on fait les objets qui doivent être laqués, vernis ou

peints, et le kéaki, avec lequel on confectionne les objets qui doivent
être simplement huilés ou qui doivent rester nus.

On emploie en outre quantité d'autres essences pour les menus travaux de peu d'importance, tels que le chiragni, le tsougné, le moucou,
le kouwa, le momizi, le kouroumi, l'itio et le tsouta.

TRAVAUX DE TONNELLERIE.

Les Japonais sont de très-habiles tonneliers, ils confectionnent des
bailles et des pièces de toute espèce, voire même des foudres de cent
hectolitres, sans avoir recours au fer pour les cercler.

Ils s'attachent à n'employer que des bois jouant peu à l'humidité.
Pour les gros objets, ils estiment au-dessus de tout autre le bois de
hinoki, puis celui de sawara ; le segni donne les qualités courantes et
le momi les produits tout à fait secondaires. Ce sont donc les bois résineux qu'ils recherchent ; ils n'emploient, en fait de bois feuillus, que le
kéaki, le kachi et le kouri, et cela seulement dans des cas très-limités,
où les récipients ne doivent pas contenir des boissons et ne sont pas
destinés à de fréquents transports. Pour les petits objets, on recherche
d'abord les bois résineux fins (kaya, itio, nézou, nézoumissachi) ;
il y a quantité de menus objets de barillage de cette espèce très-
soignés, quelques-uns même sont laqués ; les qualités moyennes sont
en hinoki, toti, sirabi, sawara ; les qualités communes sont en segni ou
en momi.

Outre la série des objets usuels en Europe, on trouve au Japon des
cuvelages en segni, épais de 0^m,09, de très-faible conicité, servant de
margelles pour les puits ; de grandes cuves en bois feuillus ou en segni
servant de dépotoirs pour la fabrication des engrais solides ou liquides,
puis enfin des baignoires entièrement faites en bois.

On sait que les Japonais, grands ou petits, prennent chacun au moins
un bain brûlant chaque jour. Partout ailleurs que dans les grandes
villes chaque maison a sa baignoire. Le type courant a la forme d'un
cône à section elliptique, dont les axes n'ont que 0^m,80 et 0^m,60 ; leur
profondeur n'est que 0^m,70, elles contiennent donc fort peu d'eau. Un
vase en fonte de 0^m,25 de diamètre sur 0^m,30 de profondeur, enveloppé
dans un cône en bois, est rapporté au bas de la baignoire et sert de
foyer ; un léger calfatage en écorce de segni en étanche les fuites. L'em-

DUPONT.   9

ploi du bois dans la confection de ces baignoires facilite le chauffage et conserve la chaleur : le bain est chaud en moins d'une demi-heure.

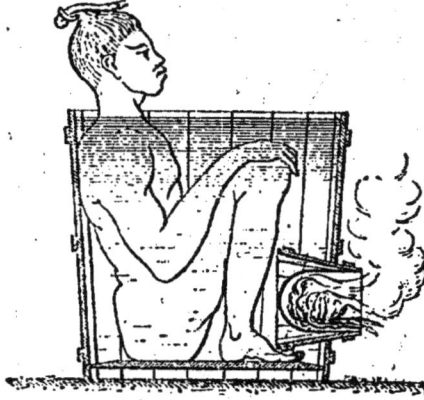

Baignoire japonaise (coupe transversale).

Cet appareil, quoique grossier et peu coûteux, est très-pratique; il rendrait de grands services à nos populations agricoles. On assure qu'il dure 30 ans quand il est en kaya et 10 ans quand il est en hinoki, mais

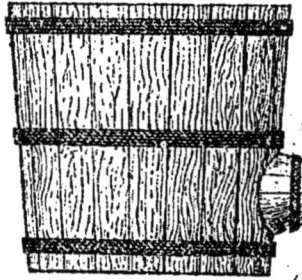

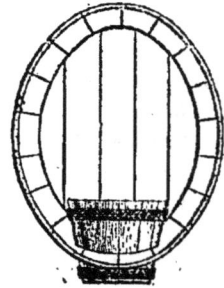

on ne compte que sur une durée de 3 ans pour les baignoires communes qui sont faites en segni ou en momi purgé d'aubier.

Dans les maisons de bains, on préfère employer de grandes caisses parallélipipédiques qui permettent à plusieurs personnes de se baigner à la fois; chaque établissement n'en a généralement qu'une seule, quelle que soit l'importance de sa clientèle. Les ouvriers arrivent facilement à les rendre étanches en mettant des recouvrements de tous côtés et en calfatant les joints avec l'écorce de segni.

Le matériel de tonnellerie est toujours conique; les douves, convenablement ajustées, sont juxtaposées les unes à côté des autres et réunies par des prisonniers en bambou, dont la face de l'écorce est parallèle à la face des douves. Ces prisonniers ne sont pas travaillés avec le soin

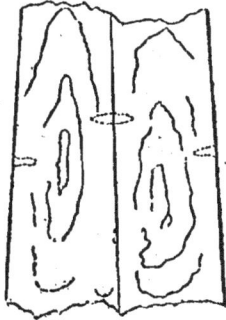

que les charrons et les carrossiers d'Europe apportent à la confection des broches des jantes des roues de voitures; ce sont de simples éclats de bois de bambou, dont on façonne grossièrement les extrémités en pointe et qu'on chasse dans des trous formés grossièrement au poinçon, normalement aux cans, sans tenir compte du rond; on ne leur demande, pour ainsi dire, que de s'opposer au glissement des douves suivant leurs génératrices de contact, résultat qu'ils obtiennent facilement quand les trous sont placés à la même hauteur, parce que le bambou résiste bien dans ce sens; mais on ne compte pas sur eux pour maintenir les douves sur la surface conique exacte, ils ont assez de flexibilité dans ce sens pour se plier et laisser les cercles amener les douves dans leur position définitive. En un mot, ces prisonniers, primitivement droits, doivent se courber en leur milieu pour que leurs deux extrémités pénètrent dans les trous correspondants des deux douves, lesquels ne sont pas percés, en général, suivant une direction exactement commune; c'est un résultat facile à atteindre quand on emploie des prisonniers en bambou, grâce à leur facile flexion dans le sens de leur épaisseur. On ne met des jables que sur les pièces ayant plus de 0^m,80 de diamètre; les objets plus petits ont leurs fonds soutenus par la conicité de la pièce et surtout par la rainure imprimée par chaque fond sur la face intérieure des douves sous l'action des cercles extérieurs.

Les anses sont toujours des traverses rapportées entre deux douves diamétralement opposées, auxquelles on conserve un excédant de longueur. Quand cette anse doit posséder une articulation, par exemple s'il s'agit d'un *seau* destiné à puiser de l'eau au fond d'un puits, on met une traverse ronde et on la laisse libre de tourner.

Les cercles sont des sortes de cordages obtenus en tressant des lanières de bambou ; avant de les mettre en place, on garnit la pièce de cercles provisoires en bambou plus faibles, on engage alors le plus grand des cercles définitifs et on le rend à poste en le frappant avec une masse en bois. On coupe successivement les cercles provisoires qui peuvent gêner cette opération.

OBJETS DIVERS DE MATÉRIEL.

Instruments de musique. — Les bois employés à la fabrication des instruments de musique sont les suivants :

Le biwa pour confectionner l'espèce de chamissen qui porte le même nom.

Le kiri pour les grands instruments à corde, nommés goto.

Le karin pour les caisses des chamissen et des kokiou (violons à trois cordes et à archet) de 1re qualité.

Le m'mé pour les caisses et les manches des chamissen et des kokiou de seconde qualité.

Le sakoura pour les biwa, les chamissen et les kokiou de qualité inférieure.

Le nanten pour les souzoumi (sortes de petits tambours formés de deux lames de cuivre ou de peau, séparés par un support en bois).

L'issou et le kachi pour les manches de chamissen.

Le ho pour les baguettes de tambours de première qualité, le kachi pour celles de seconde.

Le kéaki pour les caisses de tambours les plus appréciées; le sendan, l'hinoki et le matsou pour les qualités inférieures. (Ces caisses sont toujours formées avec un tronc d'arbre que l'on creuse.)

Le chiragni pour les caisses des petits tambours de qualité extra.

Le bambou (také) pour les flûtes et pour tous les instruments à vent.

Guettas. — Les Japonais remplacent les sabots, usités en Europe, par des planchettes en bois, nommés guettas, qui élèvent le pied à une grande hauteur au-dessus du sol et qui le préservent de la boue si fré-, quente dans ce pays argileux et humide. Cette chaussure leur rend de très-grands services, mais elle est volumineuse et elle gênerait beaucoup la marche, si on n'avait pas la précaution de la faire avec des bois très-légers. Le kiri, cultivé comme il a été indiqué précédemment (voir 2ᵉ partie), descend jusqu'à 0,200 de densité ; il ne pèse donc pas plus que du liége et il convient à merveille pour des travaux de ce genre. Le kiri, venu dans les montagnes sans culture spéciale, est plus dense et moins bon ; on le nomme souvent yamakiri (littéralement : kiri de la montagne). Ce nom est plus souvent donné à l'arbre à huile *Elæoccocca verrucosa*, qu'on appelle aussi abouraki ou doucoué et dont on fait des guettas de qualité inférieure. Le ho est un bois assez léger, de jolie couleur et dont on fait également des guettas de luxe. Un des types de guettas se compose d'une planchette horizontale légère, portée sur deux planchettes verticales ; ces dernières sont exposées à des chocs et supportent une pression considérable, parce que leur surface d'appui sur le sol est faible, il est nécessaire de les faire en bois dur ; on choisit d'ordinaire l'akakachi. On ne saurait se figurer combien ces planchettes verticales abiment les chemins, elles font l'effet de lames de couteaux qu'on enfoncerait d'une manière continue dans le sol.

Malles. — Les malles destinées à rester dans les maisons sont en kiri et quelquefois, mais rarement, en kssou ; on attribue au kiri la propriété de garantir de l'humidité et des insectes ; le kssou préserve aussi fort bien des insectes. Pour les voyages, on fait des paniers en larges lanières de bambou, couvertes d'un papier huilé et laqué ; on leur préfère des paniers en baguettes de saule pleureur (kori yanagui) tressées, assez serrées pour être étanches ; l'humidité les gonfle et achève de boucher les interstices qui les séparent. Ces malles n'ont pas de résistance au choc, mais on les porte le plus souvent à dos et il est dans les usages du pays de les manier avec un soin auquel on n'est pas accoutumé en Europe.

Godilles. — Les avirons des embarcations indigènes sont composés d'une pale en itii ou, à défaut, en akakachi, reliée à l'aide de tenons et de ligatures à une poignée en sii ou en tout autre bois dur ; enfin, une crapaudine renversée, généralement en akakachi, est amarrée à son tour avec l'ensemble des deux pièces précédentes. Une broche verticale en oubamékachi (*Quercus phyllireoides*), fixée sur le *plat-bord* de l'em-

Larcation, sert de pivot à l'aviron; les pivots en fer useraient trop vite les crapaudines.

Manches d'outils. — Les manches d'outils se font avec de nombreuses essences de bois. Les plus appréciés sont en kachi, kaya, chiragni, nara, tonérico, yenzou, biwa, outsougni et ouchikonoshi (*Photinia villosa*). Les charpentiers recherchent pour leurs herminettes les manches de yenzou, parce que cette essence se courbe très-facilement; les tailleurs de pierres préfèrent ceux en ouchikonoshi pour leurs marteaux; les ouvriers des autres professions recherchent au contraire l'outsougni.

Masses en bois. — Les masses demandent un bois résistant et bien lié, on choisit d'ordinaire l'akakachi; on a soin de prendre des morceaux qui ne comprennent pas le cœur, afin d'éviter les fentes.

Coins. — Les coins pour fendre le bois ou pour tout autre usage se font également en akakachi.

Clous. — Les Japonais n'aiment pas clouer leurs boîtes, malles, caisses et assemblages divers de menuiserie avec des clous en fer, ils reprochent à ceux-ci de rouiller et de tacher les objets; cette critique est d'autant plus fondée que leur climat est humide et qu'ils n'emploient aucune peinture. Ils mettent d'ordinaire des clous de même essence que la matière à fixer; quand ils veulent une essence autre, ils prennent l'outsougni, le madaké et exceptionnellement la kamba outsougni ou le hiba. Cependant, ils emploient toujours des clous en métaké (bambou femelle) pour fixer les petites tuiles de segni ou de hinoki dont ils font leurs toitures.

Bâtons pour porter les fardeaux. — Presque tous les fardeaux se transportent pendus à un bâton qu'un ou deux hommes portent sur leur épaule. On recherche, pour faire ces bâtons, le kachi et le kaya quand ils sont destinés à des fardeaux très-lourds; le segni ou mieux le moukou et le hinoki, qui sont plus flexibles, quand ils sont destinés à des poids moyens; dans les cas, au contraire, où il ne s'agit que de petits poids on prend du yenzou ou du madaké.

La charge normale du portefaix est de 22 kilogr. quand il va au trot et 45 kilogr. quand il va au pas; l'ouvrier à tâche porte souvent jusqu'à 70 kilogr., sa charge moyenne est de 60 kilogr. Le parcours moyen de l'un et de l'autre est d'environ 4 lieues par jour en charge et autant à vide.

Les porteurs de Norimon (sorte de chaise à porteur employée par la

noblesse il y a quelques années et qui a été remplacée par la brouette
à deux roues nommée djirinkischa) préféraient se servir d'un gros bâton de kiri et lui donnaient beaucoup de largeur pour répartir la charge
sur une grande surface de l'épaule.

Arcs et flèches. — Les meilleurs arcs se faisaient avec deux lames
plates d'azoussa comprises entre trois feuilles minces de mataké, mais
on remplaçait généralement l'azoussa par le mûrier (yamakouwa). Les
flèches étaient toujours des yataké (littéralement : bambous flèches),
qui ont de longs entre-nœuds.

Peignes. — Les peignes les plus estimés se font en écaille de tortue,
en ivoire ou en corne, mais ce sont des objets de luxe et par suite peu
employés ; la majeure partie se fabriquent en issou, tsougné, mokkokou, nachi, inoutsougné, chiragni, kobahi et mataké ; on les orne fréquemment avec de petits dessins en laque. Les démêloirs sont dentés
sur les deux arêtes et l'une d'elles est encastrée dans une sorte de
fourreau qui lui sert de poignée.

Parapluies. — Les manches de parapluies se font en kachi ou en
mataké et quelquefois en gomataké ; les baleines sont en mataké à
longs entre-nœuds ; les douilles sont en chiragni, celles de qualité secondaire sont en soro ou en yanagni.

Copeaux pour papier. — Dans les montagnes de Chinano, où la matière à papier n'existe pas, les paysans écrivent sur des feuilles minces
et larges, obtenues en refendant des hinoki ou des sirabi ; elles remplacent assez bien le papier. On trouve même en divers points du Nakas-
sendo des dessins tirés sur des feuilles de papier de ce genre.

Brosses à dents. — Les brosses à dents communes sont fabriquées
avec de petites baguettes de yanagni, qu'on trempe sur $0^m,05$ de hauteur dans l'eau bouillante et qu'on divise ensuite sur les dents d'un
peigne fixé sur une table en opérant comme s'il s'agissait de peigner
du chanvre ; on transforme ainsi les extrémités de ces baguettes en une
masse filamenteuse comme du coton.

La qualité supérieure est en kanbokou (*Viburnum opulus* L.) ; une
des extrémités est peignée sur $0^m,01$ seulement de longueur et sert à
frotter avec de la poudre ; l'autre, effilée sur $0^m,03$, sert au contraire à
frotter à blanc.

Le bon marché de ces objets permet de les remplacer chaque jour.

Baguettes à manger. — Chacun sait que les Japonais mangent avec
des baguettes. Les baguettes les plus riches sont en ivoire, en corne, en

or ou en argent, mais l'immense majorité est faite avec les bois sui-

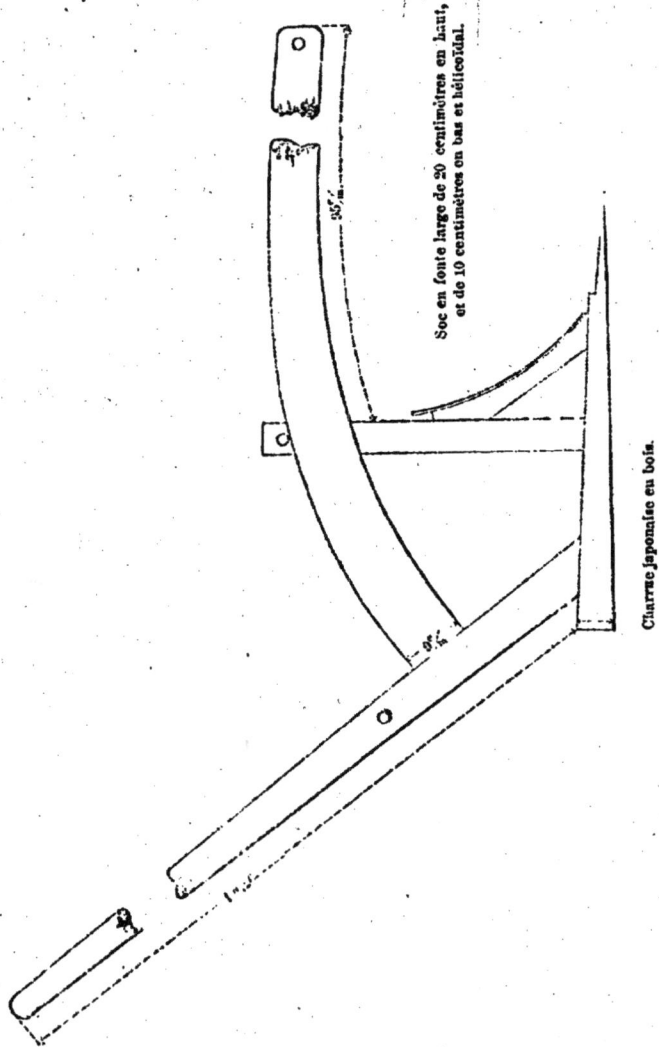

Soc en fonte large de 20 centimètres en haut, et de 10 centimètres en bas et hélicoïdal.

Charrue japonaise en bois.

vants : araragni (*Taxus cuspidata*), issou, kouwa, mokkokou, nanten, aoki, hinoki, segni, sawara, yanagni et také, ou avec les tiges de la fougère hida. On laque fréquemment la partie supérieure de ces baguettes. Une autre variété de luxe consiste à employer le hinoki ou un autre bois blanc et à donner des baguettes neuves à chaque repas.

Cure-dents. — Les cure-dents sont en bois de kouromodji, bois parfumé et parfaitement lié; ce sont d'excellents produits. On en fait aussi quelquefois de communs avec les tiges de l'aubergine (nasou).

Chapeaux. — La tradition rapporte que les premiers chapeaux étaient faits avec une poignée de joncs, réunis par un nœud à la partie haute et transfilés par en bas; c'est en souvenir de ce fait que, dans les enterrements, l'usage est de porter des chapeaux de cette espèce fabriqués avec des tochingoussa.

Les montagnards en font souvent avec un morceau d'écorce de

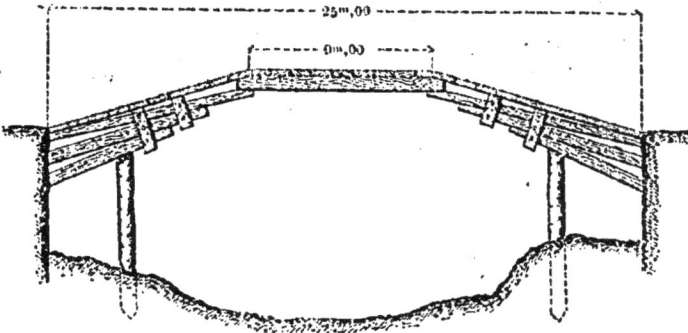

Pont en bois.

kéaki ou de chirakamba (bouleau) plié en deux, puis cousu sur une ou deux arêtes. Les paysans de la plaine portent au contraire des chapeaux légers, dont la forme est soit une calotte sphérique, soit un cône rigide, soit encore un cône se pliant en claque, et qui sont formés avec des gaines de shiro (*Chamærops excelsa*) ou avec des écorces de bambou, ou mieux avec les joncs nommés sougni.

Les classes élevées avaient des chapeaux fabriqués avec des petites cordes en papier sur lesquelles on passait d'abord du tannin, puis de l'ourouchi; elles portaient également des chapeaux laqués dont la carcasse était en carton de papier ou en toile recouverte d'une couche de di, puis d'une couche de laque roïro. Enfin, les Kougès portaient des chapeaux en soie de forme étrange et les Samouraïs des casques en métal. Ces sortes de chapeaux riches ont été remplacés par des chapeaux de paille ou de feutre de forme européenne; les coiffures du peuple ont été au contraire conservées.

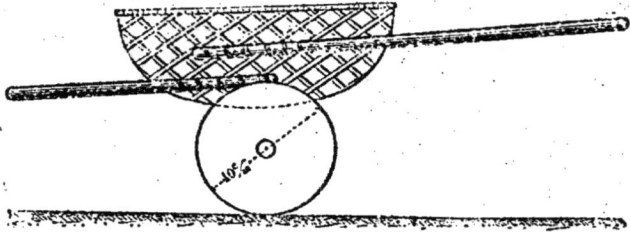

Brouette employée pour le transport du charbon dans les mines voisines de Kokoura. (Les deux bâtons de derrière sont destinés à frotter sur le sol dans les descentes pour retenir la brouette. Le corps de la corbeille est formé avec des lanières de bambou tressées.)

Les figures ci-devant indiquent les dispositifs de leurs charrues, de leurs ponts, de leurs brouettes et, ci-après, de leurs châssis de fenêtre.

CLÔTURES.

Les clôtures se font avec des pieux, dont on enfonce les pieds en terre après les avoir carbonisés, et sur lesquels on fixe des traverses horizontales qui supportent à leur tour des planches ou des bambous.

Les pieux en matsou durent cinq ans, ceux en segni sept, ceux en hinoki huit à neuf ans. Leur durée serait plus considérable si, au lieu de prendre de jeunes arbres pleins d'aubier, on ne mettait que du cœur de bois.

Les planches ont 0^m,008 d'épaisseur; on les peint toujours, ainsi que les pieux, avec le tannin du chiboukaki, auquel on ajoute d'ordinaire du noir de fumée; elles sont également en segni; elles durent sept ans, quand on en renouvelle la peinture, et seulement cinq, quand on ne la renouvelle pas.

Les bambous doivent être refendus en deux et placés verticalement; ils durent alors six ou sept ans, comme les planches de segni; mais ils pourrissent dans l'espace de moins de deux ans quand on les met verticalement sans les refendre, parce qu'alors les cloisons transversales intérieures déterminent la formation de réservoirs pour l'eau de pluie, qui filtre lentement à travers les fentes du bois et qui le décompose.

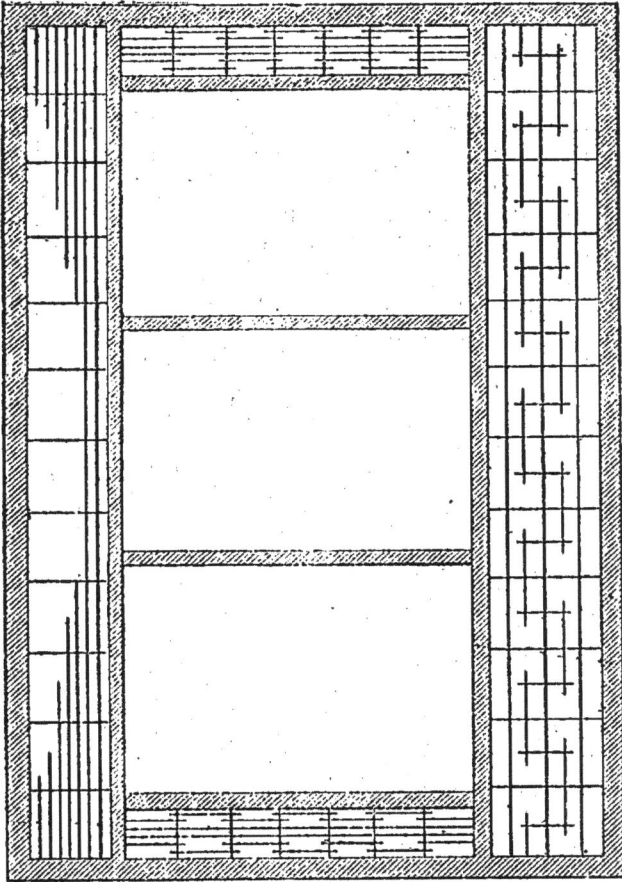

Châssis de fenêtre japonais. (Le cadre et les petites baguettes intermédiaires sont en bois de hinoki. Les vitres sont en papier, celles du pourtour sont plus épaisses et moins transparentes que celles du milieu.)

Les bambous, fendus ou entiers, qu'on place horizontalement, ne durent guère que trois ans, parce qu'alors les diverses fentes qui exislent à travers leurs tissus ligneux arrêtent encore le cours des pluies d'une façon fâcheuse.

Nous avons vu qu'on reliait ces bambous aux traverses à l'aide de petites cordes en shiro.

TOITURES.

Toiture en bois des temples. — La toiture la plus soignée est formée de petites planchettes de hinoki bien rabotées, bien dressées et ayant toutes exactement les mêmes dimensions; on leur donne en général 0^m,200 à 0^m,250 de longueur, 0^m,060 de largeur et 0^m,005 d'épaisseur. On commence par établir sur les chevrons un plan de voliges jointives, puis on juxtapose une série de planchettes en contact exact suivant leurs longs côtés et dont les petits côtés coïncident tous avec l'arête horizontale inférieure du toit, ensuite on cloue cette première ligne. Cela fait, on en établit une seconde en retraite de 0^m,006 sur la première et la recouvrant par conséquent de 0^m,194 quand les lames ont 0^m,200 de longueur; on cloue cette seconde ligne, puis on en établit une troisième également en retraite de 0^m,006 et ainsi de suite. Avec de si faibles pureaux, il faut nécessairement donner aux toitures de très-grandes pentes, il faut aussi des charpentes robustes, une quantité considérable de tuiles et beaucoup de main-d'œuvre; c'est donc un système de construction extrêmement coûteux, mais il se prête aux courbures les plus compliquées, il donne une étanchéité parfaite et il dure, dit-on, plus d'un siècle. Il est adopté pour tous les temples de la religion de Shinto et pour les palais du Mikado. On appelle ces toitures des chiwadabouki.

Toitures en tuiles. — Les yaski des princes, les maisons des officiers, celles des marchands et des gens riches ont des kawarayané ou toitures en tuiles; souvent aussi on en met de semblables aux temples bouddhistes. Dans ce système, on recouvre les chevrons avec des voliges

jointives de 0ᵐ,015 d'épaisseur, puis on établit dessus une véritable
toiture, formée avec des tuiles en bois de fente, brutes, qui ne sont,

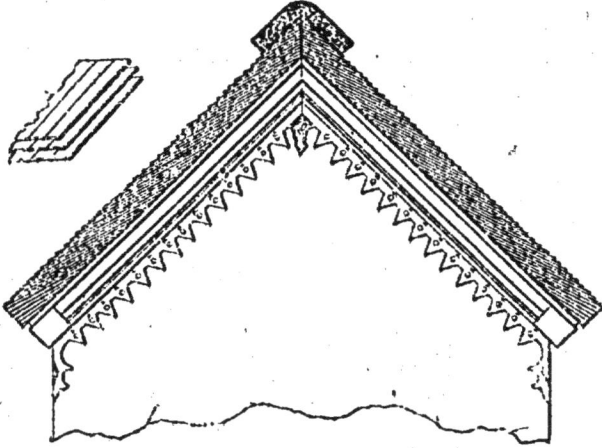

par conséquent, ni dressées, ni rabotées et qu'on nomme yané-ita
(littéralement : planches de toits). Ces tuiles ont 0ᵐ,250 de longueur,
0ᵐ,100 de largeur sur 0ᵐ,001 à 0ᵐ,002 d'épaisseur. On les dispose par
files horizontales avec 0ᵐ,045 de pureau ; on met ensuite sur ces
yané-ita un lit mince d'argile, puis dessus les tuiles en terre cuite japonaise façonnées. Ces dernières ont un joint vertical. On décore fréquemment ce système de construction en élevant les tuiles faîtières à
l'aide de quelques rangées de tuiles plates placées horizontalement, et
on met toujours aux deux extrémités du faîte et à chaque extrémité
des arêtiers des tuiles spéciales ornementales qui donnent du cachet à
l'ensemble.

Les pluies torrentielles, les bourrasques et les tremblements de terre
sont très-fréquents et nécessitent de nombreuses réparations. Les meilleures yané-ita sont en hinoki, les plus mauvaises sont celles de matsou
non purgées d'aubier. Ordinairement on les fait en segui.

Parfois on remplace ces yané-ita par une couche d'écorces de hinoki,
sawara, kooyamaki ou plus souvent de segui. A cet effet, on pratique,
tout autour des pieds de segui qu'on doit abattre, une série d'entailles
curculaires espacées d'environ 1 mètre les unes des autres, puis on
fend suivant une génératrice chacun des cylindres compris entre deux

entailles horizontales, on enlève l'écorce qui se détache facilement, on la développe et on obtient ainsi les feuilles d'écorce dont on recouvre les voliges. On ne leur donne qu'un très-faible recouvrement les unes sur les autres, on bouche les trous que ces écorces présentent fréquemment, puis on met dessus l'argile et les tuiles.

Toitures avec tuiles en bois. — Le peuple japonais est si pauvre que les classes moyennes elles-mêmes doivent recourir à des systèmes moins coûteux ; elles emploient des kokérabouki ou toitures avec planchettes en bois. Ces planchettes sont les mêmes yané-ita que précédemment ; seulement, on fixe chacune d'elles à l'aide de quatre clous en bambou, tandis qu'on n'en mettait que trois dans le système précédent. La saillie ou le pureau de ces tuiles en bois n'est que de 0^m,015 dans les constructions soignées ; elle va jusqu'à 0^m,015 dans les constructions communes. Dans le premier cas, elles durent trente ans ; dans le second, le vent les déplace, souvent il les arrache complètement, de sorte qu'elles durent peu ; parfois on remédie à cet inconvénient en établissant au-dessus un plan de baguettes de bambou croisées à angle droit et espacées de 0^m,30 en tous sens qu'on relie aux pannes et aux chevrons à l'aide de fils de fer. Dans les réparations, on a la ressource de pouvoir retourner chaque planchette du haut en bas. Dans les constructions communes un ouvrier couvre 7 mètres carrés par jour et y emploie deux paquets et demi de yané-ita pesant chacun 9^k,500.

On fait des toitures encore plus économiques en employant des daïta, planchettes en segni fendu, qui ont 0^m,400 de longueur, 0^m,060 à 0^m,100 de largeur et 0^m,004 d'épaisseur ; on met leur grand côté horizontal de telle sorte que les lames contiguës ne se touchent que par leurs petits côtés ; on leur donne 0^m,010 de pureau et on lie chaque planchette aux lattes inférieures à l'aide de fils de fer au lieu de les clouer.

Ces toitures sont fréquemment enlevées par le vent ; d'ordinaire, on a la précaution de les couvrir de coquillages ou de pierres posées soit directement sur les planches elles-mêmes, soit sur des lattes interposées ou sur des bambous fendus en deux qui jouent le rôle de lattes.

Toitures en écorce. — Un degré au-dessous, nous trouvons les segni-kawabouki ou toitures de segni. Ce sont des couvertures formées avec un lit d'écorces de segni se recouvrant peu ; chaque file d'écorces porte deux bambous et est reliée aux lattes inférieures à l'aide de fils de fer qui prennent en même temps les bambous placés dessus. Au lieu d'une seule couche d'écorces, on en met souvent deux ou trois ; on obtient alors des toitures parfaitement étanches. Celles-ci durent plus de trente ans quand on a le soin de poser les écorces sur un lit de voliges jointives, de remplacer les jonctions en fil de fer par un bon clouage et de n'employer que des écorces dont la sève a été enlevée par une immersion de quelques jours dans l'eau.

Toitures en bambou. — Les toitures en bambou sont à la fois les plus économiques et les moins bonnes. On prend une quantité suffisante de bambou d'égale grosseur, on les coupe tous à une longueur uniforme comprise entre 2 et 3 mètres, on les refend en deux, on enlève les cloisons de nœuds, et on obtient ainsi des demi-cylindres parfaitement nets, susceptibles de servir de tuiles. On les pose sur les bambous qui servent de pannes en mettant leur milieu en bas et leurs arêtes en haut, de la même manière qu'on poserait des tuiles marseillaises, puis on les recouvre avec une égale quantité de bambous renversés. On ne cloue que la file la plus haute sur les bambous transversaux qui servent de pannes ; tout le reste de la couverture n'est tenu qu'à l'aide de fils de fer qui traversent les tuiles inférieures et qui s'amarrent sur les pannes. Ces toitures sont très-légères ; le vent les emporte facilement si on n'a pas la précaution de les recouvrir de longues baguettes de bambou transversales reliées elles-mêmes aux pannes et aux chevrons ; il est bon en outre de les charger de pierres. On ne leur donne d'ordinaire que 0^m,12 à 0^m,15 de pureau. Quand on emploie des bambous de cinq ou six ans, coupés en bonne saison, c'est-à-dire en automne ou en hiver, quand enfin le travail est soigné, la couverture peut atteindre jusqu'à trente ans de durée, mais les constructions mal soignées ne durent quelquefois que deux ou trois ans.

Toitures en chaume. — Les gens de la campagne préfèrent la toiture en chaume. La charpente tout entière est faite avec des bambous. Ils préfèrent la paille qu'ils nomment kaya ; à défaut, ils prennent le yochi, rarement la paille de riz ou celle de blé ; on en trouve enfin exceptionnellement qui ont employé des brindilles de bambou et même des tiges de chanvre.

TRAVAUX EN BAMBOU.

Le bambou rend au Japon une infinité de services qui en font l'essence la plus utile du pays ; sa longueur, sa légèreté, sa résistance, sa forme ronde et creuse, ses fibres droites et faciles à refendre en tous sens sont autant de qualités précieuses.

Dans les objets suivants, on utilise surtout sa longueur : montants et traverses pour échafaudages, pannes et chevrons de toutes les toitures en chaume ou en bambou, charpentes diverses, telles que celles des théâtres ambulants, carcasses des murs en pisé, plafonds, échelles de toutes longueurs, petits mâts de signaux, supports d'enseignes, perches pour amarrer les bateaux de pêche dans les petits fonds, perches de halage, gaffes, lignes de pêche, etc.

Dans la série suivante, on utilise surtout leur forme ronde et creuse : conduites d'eau, corps de pompe, cerbacanes, pots à fleurs ou à tabac, crachoirs, cuillères pour transvaser les liquides, robinets pour régler leur écoulement, boîtes avec couvercle emboîté à frottement, etc.

Leur résistance et leur légèreté les font rechercher pour les bâtons à porter les fardeaux, les lances, les cannes, les manches d'outils, les longs bâtons englués pour la chasse des oiseaux, etc.

Porte de clôture en bambou. (Le cadre est confectionné avec un bambou plié à angle droit.)

La facilité avec laquelle on les plie permet d'en faire des cadres de portes (dont des lanières de bambou croisées forment le complément), des fauteuils et des chaises de formes variées, des kangos et des chaises à porteurs, des échasses, des plateaux, des piéges pour la chasse, des peignes, etc.

En les refendant en deux demi-cylindres, on en obtient des gouttières pour la pluie, des tuiles pour toitures, des planchettes pour faire des clôtures, des défenses des pieds des maisons contre la pluie, etc.

En les subdivisant davantage, on forme des lanières qu'on peut conserver raides ou amincir et rendre souples, qui sont même susceptibles de prendre toutes les courbures. En poursuivant davantage cette subdivision, on peut arriver jusqu'à des éléments assez fins pour qu'on en puisse fabriquer tous les objets que les autres peuples font d'ordinaire en jonc ou en osier. On peut ainsi confectionner en bambou les objets suivants : nattes ou stores, tables, parapluies, manches pour menus objets, éventails[1], broches pour cuisines, baleines pour tendre les étoffes chez les teinturiers, balais, fleurs artificielles et leurs supports, cercles de barriques, berceaux d'enfants et leur porte-moustiquaire, supports de capote de voiture, râteaux pour moissonner, paniers de toutes sortes et de toutes dimensions, malles, valises et boîtes généralement recouvertes de papier enduit d'ourouchi pour en assurer l'étanchéité, armures d'escrime, chaussures d'intérieur, menues cordes pour fusils à mèche, garnitures extérieures de certains vases en porcelaine, chapeaux, jeux d'enfants, soucoupes de tasses, etc.

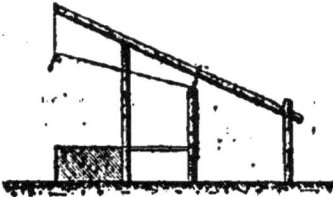

Théâtre ambulant dont toute la charpente est établie avec des bambous.

Enfin, avec les brindilles et les résidus, on fabrique des mesures de longueur, des éventails, des baleines, des lanternes, des baguettes à manger, des tiges de pinceau, des étuis et des tuyaux de pipe, de petites cuillères, des cages pour oiseaux, des gluaux pour la chasse, des flûtes, divers instruments à manger et même du papier.

L'écorce est en outre employée communément pour envelopper les menus objets.

La fabrication de tous ces objets ne nécessite aucun outillage spécial, elle ne demande que du soin. L'éboutage se fait à la scie. Pour fendre un bambou, on se sert d'une petite lame tranchante, dont une extrémité est arc-boutée sur le sol et dont on tient l'autre bout dans la main gauche ; puis avec la main droite on pousse le bambou contre la

---

[1] L'exportation des éventails communs en Europe et surtout en Amérique a pris une certaine importance depuis quelques années ; elle a atteint le chiffre de 700,000 fr. Sur ce chiffre, Osaka en a livré 4 millions au prix de 480,000 fr., leur valeur variant de 4 fr. 50 c. à 20 fr. le cent ; les contrats pour 1977 sont passés à des prix inférieurs de 30 p. 100 ; il est probable que les prix diminueront encore considérablement.

lame, il se fend de lui-même; on incline légèrement la lame, quand cela est nécessaire, pour que la fente suive exactement le trait voulu ; enfin, on maintient le morceau supérieur du bambou appuyé sur la lame, en se servant d'une petite lame de bois flexible, qu'on appuie avec la main gauche sur le bambou. On divise facilement de cette façon un cylindre en deux demi-cylindres ; on opère encore de même pour subdiviser un demi-cylindre en un nombre quelconque de lanières; on suit également le même procédé pour amincir une lanière étroite ; dans ce cas, on la refend normalement à ses cans.

Quand on veut employer un long bambou comme tuyau de conduite d'eau, il faut enlever les cloisons correspondant aux différents nœuds. On engage à cet effet dans le tube un fer, pointu à l'extrémité, portant une dent aiguë qui lui donne un peu l'apparence d'un gros hameçon redressé; la pointe crève la cloison ; le fer, en re-

venant, rabote les aspérités restant à la surface cylindrique intérieure; on répète cette opération jusqu'à ce que cette surface soit devenue lisse.

Il suffit d'exposer un bambou au feu pour pouvoir lui donner ensuite une assez grande courbure. Mais quand la courbure doit être très-considérable, il faut le mettre dans de l'eau bouillante, à laquelle, d'après les usages, on ajoute certains insectes ; la matière se ramollit assez pour qu'on puisse ensuite lui donner toutes les formes possibles, même celle d'un plateau rectangulaire plat ayant les angles redressés. On peut vernir le bambou avec le hanaourouchi, mais ce vernis ne tient qu'autant qu'on a pris la précaution de gratter la surface extérieure de la pièce avec un couteau et de la poncer ensuite. On estime beaucoup les bambous qui ont été noircis par la fumée, tels qu'on les trouve dans les charpentes des vieilles maisons de village ; ce sont des pièces laquées naturellement.

Le mataké est le bambou préféré pour tous les travaux ; il est très-résistant et a des entre-nœuds peu saillants.

C'est dans la province de Sourougna, au pied du Fouziyama, qu'on fait les travaux de bambou les plus délicats, par exemple les enveloppes des vases en porcelaine.

NATTES.

Les nattes se faisaient jadis avec des herbes sauvages ; on les fabrique maintenant avec des joncs cultivés ; on ne peut donc plus les considérer comme des produits accessoires des forêts, mais ils méritent, par leur importance et leur beauté, une étude spéciale.

Omotté et gosa. — La qualité la plus fine est produite par un jonc, nommé tochingoussa (*Juncus effusus*) ; on le tirait jadis de la province d'Omi, où on lui donne fréquemment le nom de nagaïgoussa (littéralement : herbe longue) ; on le cultive maintenant presque exclusivement dans les marécages de la province de Bingo, dans l'île de Kiousou.

Au moment de la récolte, on arrache des racines, on en exclut les parties vieilles qu'on jette, et on conserve les parties jeunes au sec jusqu'au mois de novembre, qui est l'époque favorable pour leur plantation. Avant de les mettre en terre, on les dépose pendant une nuit dans un vase contenant de l'engrais liquide, puis on les plante à 0^m,10 de distance en tous sens. Du mois de novembre au mois d'avril, on répand douze fois de l'engrais liquide. On récolte au commencement de l'été ; la plante a alors environ 1^m,75 de hauteur ; on fait souvent une seconde moisson au mois de septembre, mais la qualité en est inférieure. Les meilleurs produits viennent dans des marais dont l'eau n'est pas profonde, dont le sous-sol est argileux et dont la couche de vase est peu épaisse ; cependant, ce jonc réussit encore dans les marais ayant un mètre de profondeur ; il se contente parfaitement de sols trop maigres pour la culture du riz.

Aussitôt la récolte et pendant qu'il est encore frais, un ouvrier en prend quelques brins et leur fait faire plusieurs tours autour d'un fil tendu horizontalement, puis il les tire, comme s'il s'agissait de les dérouler ; pendant le mouvement, ces brins, qui ont une section triangulaire de 0^m,004 à 0^m,005 de côté, se dédoublent chacun en trois ou quatre morceaux ayant même longueur et plus fins. On ne laisse sécher ces subdivisions que pendant une seule journée, s'il y a du soleil, trois au plus si le temps est couvert, parce qu'il importe de conserver leur nuance verdâtre, puis on en fait des bottes pesant 18^k,750, qu'on conserve dans un endroit sec jusqu'au moment de leur emploi.

Le tissage s'opère à l'aide d'un cadre rectangulaire placé dans un plan vertical ; sur ses traverses horizontales, on amarre les 64 fils qui doivent constituer la chaîne verticale. Une ouvrière, placée sur le côté, engage par en bas un jonc de tochingoussa croisant convenablement la chaîne ; elle se sert d'une sorte de crochet remplaçant la navette des métiers de tissage, et une autre ouvrière, postée vis-à-vis le châssis, donne un coup avec une latte transversale sur ce jonc pour l'amener à son poste définitif. Cette latte est une petite lame de bois horizontale guidée par les montants verticaux du châssis. La rapidité du travail dépend de l'habileté de l'ouvrière qui engage le jonc dans la trame. Deux personnes peuvent fabriquer six nattes par jour. Leur longueur est 1ᵐ,95, leur largeur est 0ᵐ,95 entre chaînes et 1ᵐ,20 en tenant compte des bouts. On les appelle des omotté ; on en fait les tatamis ou nattes rembourrées qui constituent les planchers de toutes les maisons japonaises. Une balle de jonc pesant 18ᵏ,750 produit dix nattes omotté pesant chacune 1ᵏ,500 (il y en a de beaucoup plus fines) ; on réunit celles-ci par paquets de dix et on les envoie à Osaka, qui en est le marché principal.

On fait de la même manière des nattes tissées, nommées gosa, dont la trame est arrêtée à la largeur de la chaîne ; on leur donne les mêmes dimensions et on en fait les nattes mobiles avec lesquelles on couvre fréquemment les objets contre la pluie ; les paysans les prennent souvent comme manteaux.

Dans les années moyennes, le rendement d'un hectare de marais est de 600 nattes ; il atteint 650 dans les bonnes récoltes ; le produit argent en est quatre fois plus considérable que celui du riz. Malheureusement, cette culture n'est lucrative que dans les provinces chaudes, les gelées lui étant tout à fait contraires.

La chaîne est faite avec l'écorce de l'itsibi (*Corchorus capsularis*), qu'on cultive exprès pour cet usage et qui est voisine du *Corchorus olitorius*, dont l'écorce fournit aux Indiens le fil qu'ils nous envoient sous le nom de fil de jute. On l'ensemence aussitôt après la récolte du blé le plus hâtif, c'est-à-dire au commencement de juin ; on laboure promptement le chaume du blé et on sème 180 litres de graines par hectare, en opérant comme pour du froment. La plante fleurit à la fin de juillet et atteint 1ᵐ,50 à 1ᵐ,80 de hauteur ; on la récolte quatre-vingt-dix à cent jours après l'avoir semée et on arrache la racine avec la plante. On enferme le tout pendant deux ou trois jours dans des nattes mouillées, puis on prend les différents brins les uns après les autres et on en détache l'écorce à la main comme on tillerait du chanvre. On fait sécher ces écorces et on les emmagasine dans un endroit sec. Au moment de l'emploi, on les subdivise en fibres plus minces avec l'ongle et on en fait les cordes qui servent de chaînes aux nattes. Le rendement d'un hectare est de 3,000 kilogr. d'écorces dans les très-bonnes années et de 1,800 dans les mauvaises. Les tiges sèches d'itsibi, de même que celles du chanvre, sont très-inflammables et remplacent l'amadou.

Les îles Liou-Kiou produisent une autre espèce de jonc, trois fois plus gros que le tochingoussa; on le nomme Lionkiou-i (littéralement: îles de Lioukiou), ou encore Tchitchitoï (littéralement: les sept îles, par allusion au nombre des îles Liou-Kiou). Les nattes qu'on en confectionne sont beaucoup moins fines que celles de Bingo, moins estimées, mais elles durent sept années, tandis que les autres ne durent que deux ou trois ans. Leur fabrication se fait du reste de la même manière que celle de Bingo. Le Japon consomme environ $\frac{4}{5}$ de nattes de Bingo et $\frac{1}{5}$ de nattes de Liou-Kiou. Il faut noter cependant qu'outre ces produits, les paysans des contrées où le tochingoussa réussit réservent quelques coins de rizière pour y cultiver le jonc nécessaire à leurs besoins.

On pourrait utiliser, pour ces travaux, le saguinochirissachi, plante sauvage qui vient sur presque tout le littoral du Japon et qui, par la culture, atteint dans les années humides la longueur nécessaire.

Enfin, on confectionne dans les pays nord des nattes de qualité secondaire avec les joncs suivants: foutoï, nébiki, mitsoukado et sougni.

Soudaré. — On fabrique, en outre, des sortes de nattes ou plutôt de stores avec des baguettes plus ou moins fines de bambous, reliées les unes aux autres avec des chaînes de fils croisés. Les plus jolies s'obtiennent en fendant un bambou suivant une génératrice, en le developpant, en le refendant en baguettes de la largeur demandée et en tissant ces baguettes de façon que leurs entre-nœuds restent bien dans le même alignement; on constitue ainsi un morceau du store et on fait le morceau suivant avec un autre bambou dont les entre-nœuds croisent le précédent et ainsi de suite. On a ainsi les soudaré. La qualité extra s'appelle missou.

Yochidsou et *Yochidsoudaré.* — On emploie pour les travaux grossiers des nattes fabriquées avec la paille commune des yochi (*Coix lacryma*, graminée), qui atteint la dimension de véritables roseaux ; on a alors les yochidsou. Quand on débarrasse ces roseaux de leurs pailles et de leurs écorces, les nattes sont assez élégantes, on les appelle alors des yochidsoularé.

Tatami. — Le tatami est un coussin rectangulaire, long de 1^m,80, large de 0^m,90, formé d'une couche de 0^m,06 de paille de riz serrée, sur laquelle on a fixé une natte omotté et dont on a consolidé les arêtes longitudinales à l'aide de larges cordons en forte étoffe. Tous les appartements au Japon ont des dimensions multiples de celles du tatami. De la sorte, un tatami peut en remplacer un autre dans un appartement quelconque et chaque locataire, en louant une maison, est certain d'y pouvoir placer ses vieux tatami. Aussi la natte est l'unité de mesure de la surface des appartements, et le tsoubo, qui représente deux nattes, est l'unité de mesure de la surface des terrains.

CONDUITES D'EAU.

Toutes les conduites d'eau de petites dimensions sont faites avec des bambous dont on a, au préalable, enlevé les cloisons transversales. Ces conduites ne durent que 2 ou 3 ans, quand on n'a pas la précaution de les enterrer.

Lorsqu'il s'agit d'amener seulement un simple filet d'eau, on coupe les bambous en deux parties égales par un plan diamétral, on diminue ainsi de moitié le nombre de bambous nécesssaire.

Quand il s'agit au contraire de conduire de grandes quantités d'eau, on substitue au bambou des poutres évidées dont la partie supérieure est fermée par un madrier dont les joints sont calfatés.

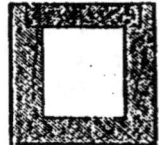

La canalisation de la ville de Tokio est faite de cette manière avec des bois résineux ; ceux-ci durent très-longtemps dans les parties de terrain qui sont continuellement humides ; on affirme qu'alors leur durée dépasse un siècle, mais il n'en est pas de même dans les terrains qui sont généralement secs. Ces conduites ont le grave inconvénient de n'être pas étanches ; il en résulte, d'une part, qu'elles perdent de l'eau ; de l'autre, que les terres s'y infiltrent à la suite des grandes pluies, si bien que la canalisation s'envase continuellement.

RÉSULTATS

DES

ESSAIS DE RUPTURE

RÉSULTATS des essais de rupture faits à l'arsenal

DÉSIGNATION DES ESSENCES.	nombre d'expériences effectuées	épaisseur moyenne des couches de résistance annuelle	enfoncé moyenne D.	charge par mètre moyenne par m² à la flexion R.	RAP-PORT $\frac{R}{D}$	1 kil. par m².	2 kil. par m².	3 kil. par m².
		m. ᵐ		k.	k.			
Akakachi (Quercus acuta Thunb. Cupuliferæ).	7	0,0050	0,863	13,50	15,61	2,680	2,280	2,065
Kéaki (Planera japonica Miq. Ulmaceæ). . .	17	0,0023	0,683	12,50	18,03	2,210	1,885	1,650
Sakoura (Prunus pseudocerasus Lindl. Rosaceæ)	13	0,0021	0,633	11,58	16,98	2,410	1,950	1,670
Momizi (Acer polymorphun S et Z. Sapindaceæ)	12	0,0037	0,733	10,83	14,76	1,770	1,615	1,490
K'aki ([?].).	13	0,0023	0,574	10,50	17,98	2,200	1,770	1,495
Sii (Quercus cuspidata Thunb. Cupuliferæ).	12	0,0020	0,740	10,14	13,70	2,595	2,150	1,800
Moucou (Homoloceltis aspera Bl. Ulmaceæ) .	15	0,0032	0,703	9,83	13,98	1,750	1,605	1,490
Katzoura (Cercidiphyllum japonicum, S et Z. Magnoliaceæ) . . . . '. . .	15	0,0050	0,578	9,75	16,86	2,310	1,905	1,635
Chiozi (Fraxinus longicuspis S et Z. Oleaceæ)	12	0,0022	0,588	9,30	15,81	2,150	1,710	1,425
Nara (Quercus glanduligera Bl. Cupuliferæ) .	9	0,0009	0,745	9,01	12,13	2,020	1,630	1,355
Kouri (Castanea japonica Bl. Cupuliferæ). .	16	0,0025	0,592	8,27	13,97	2,125	1,670	1,390
Tamo (Ulmus [?] Ulmaceæ).	11	0,0013	0,571	7,95	13,93	1,500	1,240	1,060
Bonna (Fagus Sieboldii Endl. Cupuliferæ). .	9	0,0012	0,640	7,80	12,18	1,470	1,210	1,035
Tamagouksson (Cinnamomum pedunculatum Nees. Lauraceæ).	10	0,0032	0,714	7,64	10,70	1,550	1,280	1,095
Ho (Magnolia hypoleuca S et Z. Magnoliaceæ).	12	0,0019	0,512	7,35	14,35	1,420	1,190	1,020
Hénoki (Celtis sinensis Pers. Ulmaceæ) . . .	12	0,0015	0,556	7,19	12,93	1,095	910	770
Totzi (Æsculus turbinata Bl. Sapindaceæ). .	10	0,0078	0,552	7,00	12,68	1,140	1,000	880
Kssou (Laurus camphora Nees. (Lauraceæ). .	12	0,0050	0,556	6,49	11,67	785	705	690
Kaki (Diospyros Kaki Thunb. Ebenaceæ). . .	12	0,0030	0,606	5,53	9,12	945	800	680
Kiri (Paulownia imperialis S et Z. Scrophulariaceæ)	23	0,0176	0,191	4,00	20,94	450	380	300
Tsouga (Abies Tsouga S et Z. Coniferæ). . .	18	0,0219	0,534	8,01	15,05	1,690	1,420	1,215
Kaya (Torreya nucifera S et Z. Coniferæ) . .	5	0,0011	0,503	7,99	15,88	900	815	760
Akamatsou (Pinus densiflora S et Z. Coniferæ).	17	0,0014	0,481	7,09	14,75	1,950	1,570	1,315
Karamatsou (Larix leptolepis Gord. Coniferæ).	14	0,0017	0,551	7,08	12,83	1,195	1,040	925
Momi (Abies firma S et Z. Coniferæ).	13	0,0026	0,413	6,36	14,35	1,310	1,110	955
Hinoki (Retinospora obtusa S et Z. Coniferæ).	11	0,0017	0,373	6,27	16,81	1,015	905	810
Segni (Cryptomeria japonica Don. Coniferæ).	17	0,0032	0,373	5,38	14,43	1,375	1,065	850
Sawara (Retinospora pisifera S et Z. Coniferæ).	8	0,0019	0,328	5,08	15,48	830	730	640

BOIS FEUILLUS.

BOIS RÉSINEUX.

Yokoska sur divers bois provenant de Nippon.

COEFFICIENT MOYEN D'ÉLASTICITÉ SOUS LA CHARGE DE

il. par ¹.	5 kil. par ¹.	6 kil. par ¹.	7 kil. par ¹.	8 kil. par ¹.	9 kil. par ¹.	10 kil. par ¹.	11 kil. par ¹.	12 kil. par ¹.	de rup-ture.	OBSERVATIONS.
905	1,785	1,680	1,585	1,500	1,415	1,330	1,210	1,155	1,020	Cassure très-fibreuse.
480	1,360	1,260	1,180	1,100	1,025	955	890	830	810	Id. Id.
470	1,330	1,200	1,095	1,000	910	825	740	»	700	Cassure fibreuse.
390	1,295	1,210	1,140	1,080	1,010	955	»	»	920	Cassure demi-fibreuse, demi-grasse.
400	1,130	1,000	895	800	715	640	»	»	630	Cassure fibreuse.
680	1,505	1,375	1,215	1,135	1,030	935	»	»	930	Id. Id.
300	1,245	1,135	1,025	925	835	»	»	»	765	Cassure demi-fibreuse, demi-grasse.
455	1,265	1,120	990	880	770	»	»	»	695	Id. Id. Id.
430	1,080	960	860	765	685	»	»	»	665	Cassure fibreuse.
440	970	830	720	620	520	»	»	»	530	Cassure grasse.
190	1,050	935	830	740	»	»	»	»	720	Cassure fibreuse.
985	840	765	695	»	»	»	»	»	640	Cassure demi-fibreuse, demi-grasse.
905	810	730	670	»	»	»	»	»	625	Cassure très-grasse.
965	865	790	720	»	»	»	»	»	680	Cassure grasse.
890	785	700	630	»	»	»	»	»	605	Cassure demi-fibreuse, demi-grasse.
850	560	490	430	»	»	»	»	»	415	Cassure grasse.
780	635	610	510	»	»	»	»	»	540	Cassure très-grasse.
590	510	495	»	»	»	»	»	»	475	Cassure demi-fibreuse, demi-grasse.
590	515	»	»	»	»	»	»	»	485	Cassure très-grasse.
210	»	»	»	»	»	»	»	»	210	Id. Id.
040	905	780	670	»	»	»	»	»	570	Cassure demi-fibreuse, demi-grasse.
665	590	515	450	»	»	»	»	»	380	Cassure grasse.
120	980	860	760	»	»	»	»	»	750	Cassure demi fibreuse, demi-grasse.
815	715	635	565	»	»	»	»	»	510	Id. Id. Id.
815	700	600	»	»	»	»	»	»	410	Cassure grasse.
715	625	510	»	»	»	»	»	»	430	Cassure grasse, demi-fibreuse.
690	500	»	»	»	»	»	»	»	410	Cassure très-grasse.
555	415	»	»	»	»	»	»	»	425	Cassure grasse.

RÈSULTATS des essais de rupture faits à l'arson

DÉSIGNATION DES ESSENCES.	Nombre d'expériences effectuées	Épaisseur moyenne des couches de croissance annuelle.	Densité moyenne D.	Charge de rupture moyenne par ?² à la flexion R.	RAP- PORT R/D	1 kil. par ?².	2 kil. par ?².	3 ki. par ?².
Yenzou (*Sophora japonica L. Leguminosæ*)	7	0,0028	0,788	10,75	13,64	950	940	9
Assada ([?].)	10	0,0012	0,665	9,95	14,96	1,060	1,090	1,0
Nara (*Quercus [?]. Cupuliferæ*)	6	0,0063	0,825	8,64	10,47	980	970	96
Momizi (*Acer polymorphum S et Z. Sapindaceæ*)	3	0,0010	0,776	8,11	10,42	860	800	85
Katzoura (*Cercidiphyllum japonicum S et Z. Magnoliaceæ*)	9	0,0027	0,583	8,06	13,84	830	850	89
Itaya (*Acer [?]. Sapindaceæ*)	6	0,0023	0,716	8,04	11,22	860	860	85
Sakoura (*Prunus pseudocerasus Lindl. Rosaceæ*)	5	0,0019	0,632	7,89	12,68	850	860	84
Manara (*Quercus [?]. Cupulifera*)	6	0,0014	0,777	7,65	9,84	920	920	91
Gampi (*Lychnis glandiflora Jacq. Coll. Caryophylleæ*)	9	0,0055	0,653	7,54	11,55	920	920	91
Nanakamodo (*Pyrus sambucifolia Max. Rosaceæ*)	2	0,0020	0,607	7,37	12,14	830	810	76
Kouroumi (*Juglans Manshourica Mig. Juglandaceæ*)	12	0,0052	0,570	7,00	12,28	830	830	81
Akatamo (*Ulmus campestris. Ulmaceæ*)	6	0,0032	0,614	6,75	10,99	730	730	71
Tosein ([?].)	7	0,0020	0,508	6,70	13,18	730	715	65
Ilô (*Magnolia hypoleuca S et Z. Magnoliaceæ*)	5	0,0021	0,534	6,68	12,51	730	730	71
Honeko (*Texus cuspidata. Coniferæ*)	3	0,0013	0,575	6,67	11,53	430	420	41
Chisuri (*Callicarpa [?].*)	4	0,0023	0,804	6,56	8,00	830	810	78
Onissen (*Acanthopanax ricinifolia*)	10	0,0033	0,545	6,45	11,83	740	710	68
Katasegni (*Rhamnus costata*)	7	0,0024	0,581	6,39	11,00	780	750	70
Kouri (*Castanea japonica Bl. Cupulifera*)	7	0,0024	0,573	6,09	10,63	740	720	6?
Kouwa (*Morus alba Thunb. Moreæ*)	6	0,0019	0,613	5,63	8,75	530	610	49
Mizouki (*Cornus brachypoda C. A. Mig. Cornaceæ*)	5	0,0029	0,440	5,53	12,57	570	545	50
Hannoki (*Alnus maritima Nutt. Betulaceæ*)	12	0,0042	0,514	5,41	10,52	720	700	67
Kachiwa (*Quercus dentata Thunb. Cupuliferæ*)	8	0,0008	0,759	5,40	7,11	580	555	5?
Yatitamo ([?].)	8	0,0011	9,601	5,10	8,48	620	585	54
Niznaki (*Pierasma ailanthoïdes Bl. Simarabeæ*)	2	0,0015	0,558	4,59	8,23	620	600	56
Chicoro ([?]. *Ulmaceæ*)	11	0,0016	0,435	4,58	10,0.	530	490	44
Todomatsou (*Abies aleoquiana Portal. Coniferæ*)	2	0,0013	0,470	6,86	13,95	1,020	1,010	90
Momi (*Abies firma S et Z. Coniferæ*)	7	0,0032	0,614	5,49	8,94	780	750	75

BOIS FEUILLUS.

Bois résineux.

Iokoska sur divers bois provenant d'Yéso.

	5 kil. par ㎜².	6 kil. par ㎜².	7 kil. par ㎜².	8 kil. par ㎜².	9 kil. par ㎜².	10 kil. par ㎜².	11 kil. par ㎜².	12 kil. par ㎜².	de rup-ture.	OBSERVATIONS.
180	855	820	780	710	C80	620	»	»	563	Cassure fibreuse.
10	975	935	875	790	690	565	»	»	563	Id. Id.
50	910	885	785	633	»	»	»	»	420	Id. Id.
615	740	645	520	355	»	»	»	»	313	Id. Id.
810	795	760	695	615	»	»	»	»	601	Id. Id.
630	765	715	615	480	»	»	»	»	460	Id. Id.
610	790	745	650	510	»	»	»	»	472	Id. Id.
605	855	770	650	510	»	»	»	»	569	Id. Id.
875	820	720	555	»	»	»	»	»	400	Cassure demi-fibreuse, demi-grasse.
715	650	510	410	»	»	»	»	»	357	Cassure fibreuse.
760	600	600	370	»	»	»	»	»	370	Id. Id.
655	590	495	»	»	»	»	»	»	336	Id. Id.
630	565	490	»	»	»	»	»	»	421	Cassure demi-fibreuse, demi-grasse.
655	590	495	»	»	»	»	»	»	357	Cassure fibreuse.
400	380	350	»	»	»	»	»	»	330	Id. Id.
710	660	540	»	»	»	»	»	»	815	Id. Id.
625	550	440	»	»	»	»	»	»	358	Id. Id.
625	515	380	»	»	»	»	»	»	296	Cassure demi-fibreuse, demi-grasse.
620	540	400	»	»	»	»	»	»	396	Cassure fibreuse.
405	325	»	»	»	»	»	»	»	238	Id. Id.
440	340	»	»	»	»	»	»	»	216	Cassure demi-fibreuse, demi-grasse.
640	605	550	»	»	»	»	»	»	450	Cassure grasse.
480	430	»	»	»	»	»	»	»	405	Cassure très grasse.
500	465	»	»	»	»	»	»	»	460	Cassure grasse.
»	»	»	»	»	»	»	»	»	510	Id. Id.
850	»	»	»	»	»	»	»	»	273	Id. Id.
915	870	780	»	»	»	»	»	»	583	Id. Id.
680	550	»	»	»	»	»	»	»	458	Id. Id.

NOMS BOTANIQUES DES ESSENCES INDIGÈNES

1. *Abouragni* ou *Abouraki* (littéralement: arbre à huile), 油木. Synonyme de *Abourakiri*.
2. *Abourakiri* (littéralement : arbre à huile), 油桐. (*Elæococca verrucosa S et Z. Euphorbiaceæ.*)
3. *Aï*, 藍. (*Polygonum tinctorium Lour. Polygonaceæ.*)
4. *Akakachi* (littéralement : kachi rouge), 赤樫. (*Quercus Buergerii Bl. Cupuliferæ.*)
5. *Akaki*, synonyme de *Honcko.*
6. *Akamatsou* (littéralement : pin rouge), 赤松. (*Pinus densiflora S et Z. Coniferæ.*)
7. *Akani*, 茜草. (*Rubia chinensis Reg. fl. Rubiaceæ.*)
8. *Akatamo* (littéralement : tamo rouge), 赤ダモ. (*Ulmus campestris. Ulmaceæ.*)
9. *Akéki*, pour *Asouhi* (littéralement : demain du *Hinoki*, c'est-à-dire : rapproché du *Hinoki.* (*Thuiopsis dolobrata S et Z. Coniferæ.*)
10. *Amakaki* (littéralement : kaki sucré), 甘柿. Variété de *Kaki.*
11. *Amazakouro* (littéralement : grenadier sucré), 甘柘榴. Variété de *Zakouro.*
12. *Anagnakachi* (littéralement : *kachi* à longues feuilles), 葉長樫. (*Quercus [?]. Cupuliferæ.*)
13. *Anzou*, 杏. Abricotier.
14. *Aogiri* (littéralement : *kiri* vert), 青桐. (*Sterculia platanifolia L. Sterculiaceæ.*)
15. *Aoki* (littéralement : arbre vert), 青木. (*Aucouba japonica Thunb. Cornaceæ.*)
16. *Arakachi* (littéralement : *kachi* dur). (*Quercus acuta Thunb. Cupuliferæ.*)

17. *Araragni*, 榧. (*Taxus cupidata* S et Z. *Coniferæ*.)

18. *Araragni*. (*Ilex latifolia* Thunb. *Ilicineæ*.)

19. *Asounaro* (littéralement : deviendra demain, sous-entendu *hinoki*, c'est-à-dire inférieur au *hinoki*), 阿須檜. Synonyme de *Akèki*.

20. *Azoussa*, 梓. (*Rottlera japonica* S et Z. *Euphorbiaceæ*.)

21. *Batankio*, pour *Botankio* (littéralement : *smomo botan*)[1]. Prune de reine-Claude.

22. *Bèni* (littéralement : rouge), 紅. (*Carthamus tinctorius*.)

23. *Benibiakouchin* (littéralement : *biakouchin* rouge), 紅柏檜. Synonyme de *Biakouchin*.

24. *Bènikadsoura* (littéralement : liane rouge), 紅蘿. (*Rubia cordifolia* L. Mant. *Rubiaceæ*.)

25. *Biakouchin*, 柏檜. (*Juniperus japonica*. Max. *Coniferæ*.)

26. *Biakoudan*, 白檀. Synonyme de *Biakouchin*.

27. *Binankadsoura* (littéralement : joli homme-liane, parce qu'on en tire un mucilage pour la chevelure), 美男蘿. (*Kadsoura japonica* L. *Magnoliaceæ*.)

28. *Biwa*, 枇杷. (*Eryobotrya japonica* Lindl. *Rosaceæ*.) Néflier du Japon.

29. *Bodara*, 棒槐. (*Acanthopanax ricinifolia* S et Z. *Araliaceæ*.)

30. *Bokè*, 木瓜. (*Pyrus japonica* Thunb. *Rosaceæ*.)

31. *Bouchioukan* (littéralement : *mikan*, main de Boudha), 佛手柑. (*Citrus medica* Risso. *Rutaceæ*.) Variété d'oranger.

32. *Boudo*, 葡萄. (*Vitis vinifera* L. *Ampelideæ*.) Vigne.

33. *Boukouioussou* (littéralement : à bois de *ioussou*.) Synonyme de *Mokkokou*.)

34. *Boukouriou*, 茯苓. Sorte de truffe qu'on trouve principalement au pied des *Matsou*.

35. *Bouna*, 山毛欅橅. (*Fagus Siboldii* Endl. *Cupuliferæ*.) Hètre.

36. *Chianchin*, 椿 ([?]. *Cedrelaceæ*.)

37. *Chiba*, 柏. Synonyme de *Akèki*.

---

[1] Le botan est le *Pœnia moutan* Sims. *Ranunculaceæ*, dont la fleur rappelle celle du batankio.

38. *Chiboukaki* (littéralement : *kaki* tannin), 澁柿. Variété de Kaki.

39. *Chicoro*, レ ュ ロ ([?]. *Ulmaceæ*.)

40. *Chidaré sakoura* (littéralement : cerisier pendant), 絲乖櫻. Variété de *Sakoura*.

41. *Chidé*. (*Aronia asiatica*.)

42. *Chimémomi* (littéralement : *momi* demoiselle ou *momi*), 姬樅. (*Juniperus rigida* S et Z. *Coniferæ*.) Genévrier.

43. *Chimouro*, 檜宝. Synonyme de *Chimémomi*.

44. *Chinanokaki* (littéralement : *kaki* de Chinano), 信濃柿. Variété de *Kaki*.

45. *Chinoki* (littéralement : arbre du soleil), 檜. Voir *Hinoki*.

46. *Chinotaké*, 篠竹. Variété de bambou.

47. *Chiouri*. (*Callicarpa* [?]. *Verbenaceæ*.)

48. *Chiozi*, 柾檮. Synonyme de *Tonerico* et de *Bodara*.

49. *Chiragni*, 柊狗骨樹. (*Olea aquifolia* S et Z. *Oleaceæ*.)

50. *Chirakachi* (littéralement : *kachi* blanc), 白樫. (*Quercus glauca* Thunb. *Cupuliferæ*.)

51. *Chirakamba* (littéralement : *kamba* blanc), 白樺. (*Betula alba* L. *Betulaceæ*.) Bouleau.

52. *Chiromatsou* (littéralement : pin blanc), 白松. (*Abies Iesoensis* S et Z. *Coniferæ*.)

53. *Chirosmomo* (littéralement : prune blanche), 白李. Prune de mirabelle.

54. *Chirotsouga* (littéralement : *tsouga* blanc), 白栂. Synonyme de *Sirabi*.)

55. *Choro*, 松露. Variété de champignon.

56. *Cogna*, 古賀ノ木. Synonyme de *Yabouksou*.

57. *Cohazé*, 黄樹. Synonyme de *Egno*.

58. *Daïdai*, 橙. (*Citrus bigaradia* Duhans. *Rutaceæ*.) Bigaradier.

59. *Dennaï* (nom de la localité de Kochiou qui les produit), 田内柿. Variété de *Kaki*.

60. *Dodomatsou*, 胡榛松. Synonyme de *Tohi*.

61. *Doucoué*, 毒荏. (*Elæoccocca verrucosa* S et Z. *Euphorbiaceæ*.)

62. *Drokounachi* (littéralement : poirier commun). Voir *Nachi*.

63. *Dzoumi,* メ ミ . Variété de Pyrus.

64. *Edobiwa,* 江戸枇杷天仙花. (*Ficus erecta Thunb. Arto-carpeæ.*)

65. *Ego* ou *Egno,* 青墩樹. (*Styrax japonicum S et Z.*) Aliboufier.

66. *Enzakaki* (littéralement : *kaki* à siége de singe), 猿坐柿. Variété de *Kaki.*

67. *Fitoha* (littéralement : une feuille), 一葉. Synonyme de *Inoumaki.*

68. *Foudékaki* (littéralement : *kaki* jumeau), 筆柿. Variété de *Kaki.*

69. *Foutoï* (littéralement : *aï,* gros ou gros jonc), 太藺. (*Juncus* [?]. *Juncaceæ.*)

70. *Fouzimatsou* (littéralement : pin du Fuziyama), 富士松. Synonyme de *Karamatsou.*

71. *Gampi,* 眼皮. (*Lychnis grandiflora S et Z. Caryophilleæ.*)

72. *Gochonkaki* (littéralement : *kaki* de Gocho. Gocho était un palais de Mikado). Variété de *Kaki.*

73. *Goma,* 胡麻. (*Sesamum orientale Linn. Bignoniaceæ.*) Sésame.

74. *Gomataké* (littéralement : bambou-sésame, parce qu'il est moucheté de noir comme si on l'avait couvert de graines de *Goma*), 胡麻竹. Variété de bambou.

75. *Goumi,* 茱萸. (*Eleagnus glabra* et autres variétés *Thunb. Eleagnaceæ.*) Chalef.

76. *Goyonomatsou* (littéralement : pin à cinq feuilles), 五葉松. (*Pinus koraiensis S et Z. Coniferæ.*)

77. *Hadjinoki,* 黄櫨 (?). Essence employée en teinture.

78. *Haji,* 櫨. (*Rhus succedanea Linn. Anacardiaceæ.*)

79. *Hakoufi,* 白檜. Synonyme de *Biakouchin.*

80. *Hannoki,* 榿. (*Alnus maritima Nutt. Betulaceæ.*)

81. *Hanazakouro* (littéralement : grenadier-fleur), 花柘榴. Variété de *Zakouro.*

82. *Hasibami,* 榛. (*Corylus heterophylla Miq. Juglandaceæ.*)

83. *Hatchikou,* 淡竹. Variété de bambou.

84. *Hatokachi.* Variété de *Quercus acuta. Cupuliferæ.*

85. *Hazé,* 櫨. (*Rhus succedanea Linn. Anacardiaceæ.*)

86. *Hébosii* (littéralement : *sii* faible, c'est-à-dire de qualité inférieure), 下手椎. Variété de *Sii*.

87. *Hénoki*, 榎. (*Celtis sinensis* Pers. *Ulmaceæ*.) Micocoulier.

88. *Hiba*, 雁足檜. Synonyme de *Akéki*.

89. *Hinoki* (littéralement : arbre du soleil), 檜. (*Retinospora obtusa* S et Z. *Coniferæ*.)

90. *Ho*, 朴 叉 厚朴. (*Magnolia hypoleuca* S et Z. *Magnoliaceæ*.)

91. *Honcko*, ヲンコ. (*Taxus cuspidata* S et Z. *Coniferæ*.) If.

92. *Honsii* (littéralement : vrai *sii*), 木椎. Variété de *Sii*.

93. *Houssoussa* ou *Hosa*, pour *H. faussa nara* (littéralement : nara à feuilles de petite vérole, parce que ses feuilles portent quantité de petites galles), 柞椡. Synonyme de *Oussa*.

94. *Itsibi*, 蘭麻. (*Corchorus capsularis* L. *Tiliaceæ*). Jute.

95. *Ibota*, 水蠟樹. (*Ligustrum ibota* S. *Oleaceæ*.) Troëne.

96. *Ibouki* (littéralement : arbre à feuilles rondes), 圓栢. Synonyme de *Biakouchin*.

97. *Ichizakouro* (littéralement : grenadier-pierre, c'est-à-dire dont le fruit est dur comme la pierre), 石榴榴. Variété de *Zakouro*.

98. *Imékomatsou* (littéralement : pin fin), 姬子松. (*Pinus parviflora* S et Z. *Coniferæ*.) Quelquefois synonyme de *Karamatsou*.

99. *Inoukaya* (littéralement : *kaya* de chien ou mauvais *kaya*), 奴榧. (*Cephalotaxus drupacea* S et Z. *Coniferæ*.)

100. *Inoukssou*, 奴樟. Dénomination collective appliquée à toutes les laurinées autres que le *kssou*.

101. *Inoumaki*, 奴羅漢松. (*Podocarpus macrophylla* Don. *Coniferæ*.)

102. *Inoutsougné*, 奴栢. (*Ilex crenata* Thunb. *Ilicineæ*.)

103. *Iossozomé*, 炎迷. (*Viburnum dilatatum* Thunb. *Caprifoliaceæ*.)

104. *Issou* ou *Ioussou*, 瓢樹. (*Distylium racemosum* S et Z. *Hamamelideæ*.)

105. *Itasii*, 板椎. Variété de *Sii*.

106. *Itaya*, イタヤ. (*Acer* [?]. *Sapindaceæ*.)

107. *Itchii* (littéralement : première classe), 一 位 釣 栗. Synonyme de *Honcko*.

108. *Itii*, 釣 栗 樫. (*Quercus gilva* [?] *Blum. Cupuliferæ.*)

109. *Itio*, 銀 杏. (*Ginkgo biloba Thunb. Coniferæ.*)

110. *Itizikou*, 無 花 果. (*Ficus carica L. Artocarpex.*) Figuier.

111. *Itoba* ou *Itobanoki* (littéralement : une seule feuille), 一 葉. Synonyme de *Inoumaki*.

112. *Jabon*, 朱 欒. Oranger-cédratier.

113. *Kachi*, 樫. Dénomination collective appliquée à tous les chênes à feuilles persistantes.

114. *Kachiwa*, 樹. (*Quercus dentata Thunb. Cupuliferæ.*) Est aussi nommé *Kachiwamoti* (littéralement : *kachiwa*-gâteau).

115. *Kaédé* (littéralement : pattes de grenouilles), 楓 叉 蝦 手. (*Acer japonicum* ou *Acer micranthum* [?]. *Sapindaceæ.*)

116. *Kaki*, 柿. (*Diospyros kaki Thunb. Ebenaceæ.*)

117. *Kamaébi*, カ マ ヱ ビ. (*Vitis labrusca L. Ampelideæ.*) Vigne.

118. *Kambaoutsougni* (littéralement : *outsougni kamba*, c'est-à-dire *outsougni* qui ressemble au *kamba*), カ ン バ 楊 盧. (*Diervilla japonica Blum. Caprifoliaceæ.*)

119. *Kambokou*, 欟 木. (*Viburnum opulus L. Caprifoliaceæ.*)

120. *Karamatsou* (littéralement : *matsou* de la Chine, ce qui entraîne l'idée de *matsou* de bonne qualité), 唐 松. (*Larix leptolepis Gord. Coniferæ.*) Mélèze.

121. *Karasba*, 烏 ハ ビ. (*Vicia angustifolia Roth* [?]. *Leguminosæ.*) Vesce.

122. *Karatatzi*, 枳 樹. (*Citrus trifolia L. Rutaceæ.*) Oranger à trois feuilles ou oranger de Chine.

123. *Karin*, 榠 欏. Variété de cédratier.

124. *Katasegni*. (*Rhamnus costata Maxim. Rhamneæ.*)

125. *Katsou*, 膝 ノ 木. (*Rhus semialata Murr. Anacardiaceæ.*)

126. *Katsoura*, 桂. (*Cercidiphyllum japonicum S et Z. Magnoliaceæ.*)

127. *Kauzi* (nom d'une localité de Chine d'où cette orange serait originaire), 柑 子. Variété hâtive d'oranger-mandarin.

128. *Kaya*, 榧. (*Torreya nucifera S et Z. Coniferæ.*)

129. *Kaya* (?). (*Gramineæ.*)

130. *Kéaki*, 欅. (*Planera japonica Miq. Ulmaceæ.*)

131. *Keichitabou* (littéralement : *tabou* de Keichi ou *tabou* de Nikkei), 桂皮樟. (*Cinnamomum* [?]. *Lauraceæ.*)

132. *Kemponachi*, 枳椇. (*Hovenia dulcis Thunb. Rhamneæ.*)

133. *Kiara*, 加羅木. (*Taxus cuspidata* S et Z. *Coniferæ.*) If.

134. *Kiarakaki*, 加羅柿. Variété de *Kaki.*

135. *Kiitchigo*, 木覆盆子. (*Rubus* divers. *Rosaceæ.*) Ronces.

136. *Kinarikaki*, 木生柿. Variété de *Kaki.*

137. *Kinkan* (littéralement : orange d'or), 金柑. Variété d'oranger.

138. *Kinominoki*, キノミノ木. Synonyme de *Yaboukssou.*

139. *Kiri*, 桐. (*Paulownia imperialis* S et Z. *Scrophulariaceæ.*)

140. *Kiwada* (littéralement : entre écorce jaune), 黄蘗. (*Evodia glauca Miq. Rutaceæ.*) On donne le même nom au *Phellodendron amurense Rupr. Rutaceæ.*

141. *Kizawachi*. Variété de *Kaki.*

142. *Kobahi* (littéralement : m'mé rouge). 紅梅. (*Prunus* [?]. *Rosaceæ.*)

143. *Kobouchiou*, 辛夷. (*Magnolia kobus D. C. Magnoliaceæ.*)

144. *Kochikidé*, コンキデ. (*Photinia villosa D. C. Rosaceæ.*)

145. *Kochii* ou *Kosii* (littéralement : petit *sii*), 小椎. Variété de *Sii.*

146. *Kochini*. (*Quercus crispula Bl. Cupuliferæ.*)

147. *Kochioumarou* (littéralement *kachi* rond de Kochiou), 甲州丸. Variété de *Kaki.*

148. *Kocho* (littéralement : sanchio étranger), 胡椒. (*Piper foutokadsoura* S et Z. *Piperaceæ.*) Poivrier.

149. *Kommé* (littéralement : petit m'mé), 小梅. Variété de *M'mé.*

150. *Konara* (littéralement : petit nara), 小楢. (*Quercus serrata Thunb. Cupuliferæ.*)

151. *Kooya-maki* (littéralement : maki de la montagne), 高野槇. (*Skiadopitys verticillata* S et Z. *Coniferæ.*)

152. *Koriyanagni* (littéralement : saule pleureur), 行李柳. (*Salix* [?]. *Salicineæ.*).

153. *Korognaki*, 黑柿. Fruits du *kaki* desséchés au soleil.

154. *Kosii* (littéralement : petit *sii*), 小椎. Variété de *Sii*.

155. *Kouko*, 枸杞. (*Lycium sinense Mill. Solanaceæ.*) Lyciet.

156. *Kounembo*, 乳柑. Oranger-bergamotte.

157. *Kounougni*, 柟. (*Quercus serrata Thunb. Cupuliferæ.*)

158. *Kourénaï* (littéralement : couleur rouge), 紅. (*Carthamus tinctorius Linn. Compositeæ.*)

159. *Kouri*, 栗 (*Castanea japonica Bl. Cupuliferæ.*) Châtaignier.

160. *Kourobésegni* (littéralement : *segni* à section noire), 黑郎杉. Variété de *Segni*.

161. *Kourokachi* (littéralement : *kachi* noir), 黑樫. (*Quercus glauca* [?]. *Cupuliferæ.*)

162. *Kourokaki* (littéralement : *kaki* noir), 黑柿.

163. *Kourokogna* (littéralement : *kogna* noir), 黑古賀. Synonyme de *Tamakssou*.

164. *Kouromatsou* (littéralement : pin noir), 黑松. (*Pinus massoniana S et Z. Coniferæ.*)

165. *Kouromodji*, 烏樟. (*Lindera sericea Bl. Lauraceæ.*)

166. *Kourotabou* (littéralement : *tabou* noir), 鈎樟. (*Cinnamomum* [?]. *Lauraceæ.*)

167. *Kourotsouga*. Synonyme de *Tsouga*.

168. *Kouroumi*, 胡桃. (*Juglans Mandshurica Miq. Juglandaceæ.*)

169. *Koutinachi*, 山梔. (*Gardenia florida Thunb. Rubiaceæ.*)

170. *Kouwa*, 桑. (*Morus alba Thunb. Moreæ.*) Mûrier.

171. *Kouzou*, 葛 (*Pueraria thunbergiana Benth. Leguminosæ.*)

172. *Kozou*, 楮. (*Broussonetia papyrifera Vent. Moreæ.*)

173. *K'skè* ou *K'ski*. (*Ulmaceæ.*)

174. *Kssa maki* (littéralement : *maki* herbe, pour dire *maki* de qualité inférieure), 草棋. Synonyme de *Inoumaki*.

175. *Kssou*, 楠. (*Cinnamomum camphora F. Nees. Lauraceæ.*) Camphrier.

176. *Kssou-Oki* (littéralement : *oki* comme le *kssou*), ノスヲ八キ. Synonyme de *Yaboukssou*.

177. *Lioukiou-i* (littéralement : *i* ou jonc de *Lioukiou*), 琉球藺. (*Juncus* [?]. *Juncaceæ.*)

178. *Maki*, 槇. (*Podocarpus macrophylla Don. Coniferæ.*)

179. *Manara.* (*Quercus* [?]. *Cupuliferæ.*)

180. *Maroubakouwa* (littéralement : mûrier à feuilles rondes), 圓葉桑. Variété de *Kouwa.*

181. *Maroumérou*, 榲桲. (*Cydonia vulgaris L. Rosaceæ.*) Cognassier.

182. *Massaki*, 冬青. (*Evonymus radicans S. Celastrineæ.*)

183. *Mataké* (littéralement : vrai bambou), 眞竹. (*Bambusa mitis Gramineæ.*) Bambou.

184. *Matatabi*, 木天蓼. (*Actinidia polygama Planchon. Ternstrœmiaceæ.* (Attire les chats.)

185. *Matébasii* ou *Matekachi* (littéralement : *kachi, maté,* c'est-à-dire à feuilles longues comme le coquillage nommé *maté*), 細葉樫. (*Quercus glabra* [?] *Thunb. Cupuliferæ.*).

186. *Matsou*, 松. Dénomination générale des pins.

187. *Mayoumi*, 檀. (*Evonymus Sieboldianus Bl. Celastrineæ.*)

188. *Mazassa* ou *Koumazassa*, 熊笹. (*Bambusa senanensis Fr.* et *S. Gramineæ.*)

189. *Mékssou* (littéralement : *kssou* femelle), 女槲. Synonyme de *Tamakssou.*

190. *Mématsou* (littéralement : *matsou* femelle), 女松. Synonyme de *Akamatsou.*

191. *Métaké* (littéralement : *bambou* femelle), 女竹. (*Bambusa métaké. Gramineæ.*)

192. *Midsouki* ou *Midsoukssa*, 美豆木. (*Cornus brachypoda C. A Mag. Cornaceæ.*)

193. *Midsoumatsou*, 水松. Synonyme de *Honcko.*

194. *Midsoumé* (littéralement : à fibres serrées), ミヅメ. (*Alnus viridis* [?] *D. C. Betulaceæ.*) Aulne.

195. *Midsoumé sakoura* (littéralement : à fibres serrées), ミヅメ櫻. Variété de *Sakoura.*

196. *Mikan* (littéralement : orange sucrée), 蜜柑. Mandarine.

197. *Minébari*, ミネバリ. (*Alnus firma S et Z. Betulaceæ.*)

198. *Mitsoukado* (littéralement : à trois bosses), 三角銀杏. (*Juncus* [?]. *Juncaceæ.*)

199. *Mitsoumata* (littéralement : à trois directions), 三枚. (*Edgeworthia papyrifera S et Z. Thymelæaceæ.*)

200. *M'mé*, 梅. Abricot-prune.

201. *Mochinoki* (littéralement : arbre à glu), 黐樹. (*Ilex integra Thunb. Ilicineæ.*)

202. *Mokkokou*, 石果叉水木犀. (*Ternstrœmia japonica Thunb. Ternstrœmiaceæ.*)

203. *Moksei*, 木犀. (*Olea flagrans Thunb. Oleaceæ.*)

204. *Momi*, 樅. (*Abies firma S et Z. Coniferæ.*)

205. *Momi*. Nom commun à toutes les variétés de sapin.

206. *Momizi*, 紅葉樹叉楓. (*Acer polymorphum S et Z. Sapindaceæ.*)

207. *Momo*, 桃. Pêcher.

208. *Moso*, 孟宗竹. (*Bombusa moso. Gramineæ.*)

209. *Moukou*, 椋. (*Homoioceltis aspera Bl. Ulmaceæ.*)

210. *Moukourodji*, 無患子. (*Sapindus moukourodji Gaerton. Sapindaceæ.*)

211. *Mourassaki* (littéralement : skibi violet), 李鼠. (*Callicarpa purpurea Juss. Verbenaceæ.*)

212. *Nachi*, 梨子. (*Pyrus communis Linn. Rosaceæ.*) Poirier.

213. *Nagaïgoussa* (littéralement : tige herbacée longue), 長莎. (*Juncus* [?]. *Juncaceæ.*)

214. *Nanakamodo*, ナヽカマド. (*Pyrus sambucifolia Cham et Schlechtd. Rosaceæ.*)

215. *Nanten*, 南天燭. (*Nandina domestica Thunb. Berberideæ.*)

216. *Nara*, 櫧. Nom collectif des chênes à feuilles caduques.

217. *Nasou*, 茄子. (*Solanum melongena L. Solaneæ.*) Aubergine.

218. *Natsoumé*, 棗. (*Zisyphus vulgaris Lam. Rhamneæ.*) Jujubier.

219. *Natsoumikan* (littéralement : mikan d'été), 夏蜜柑. Variété très-hâtive d'oranger-mandarin.

220. *Nawachirogoumi* (littéralement : goumi des pépinières de riz), 胡頽子. Variété de *Goumi*.

221. *Némounoki* (littéralement : arbre du sommeil), 合歓木. (*Albizzia julibrissin Boivin. Leguminosæ.*) Acacia de Constantinople.

222. *Néri* (littéralement : empois), 子 リ ノ キ . (*Malvaceæ.*)

223. *Nézou*, 杜 松, pour *Nézoumissachi.*

224. *Nézoumissachi* (littéralement : pique les souris), 鼠 刺·
(*Juniperus rigida S et Z. Coniferæ.*)

225. *Nichikigni* (littéralement : bois *nichiki*. Le *nichiki* est une
jolie étoffe), 衛 矛 木.(*Evonymus alatus Thunb.Celastrineæ*).

226. *Nignaki* (littéralement : arbre amer), 苦 木. (*Picrasma ai-
lanthoides Bl. Simarubeæ.*).

227. *Nikkei*, 肉 桂. (*Cinnamomum Laureirei Miq. Lauraceæ.*)

228. *Ninjin* (littéralement : forme d'homme. Allusion à la forme
des racines), 人 参. (*Panax repens Maxim. Araliaceæ.*)
Ginseng.

229. *Niré*, 楡. (*Ulmus* [?]. *Ulmaceæ.*)

230. *Niwatoco*, 接 骨 木. (*Sambucus racemosa sieboldiana Miq.
Caprifoliaceæ.*)

231. *Nori* (littéralement : empois). Synonyme de *Néri.*

232. *Nouroudé*, 楢. Synonyme de *Katsou.*

233. *Obakouwa* pour *Obakou kiwada* (littéralement : mûrier à
feuille de *kiwada*), 大 葉 桑. Variété de *kouwa.*

234. *Obara*, 大 薔 薇. (*Acanthopanax ricinifolia S et Z. Araliaceæ.*)

235. *Ochocki*, 黄 蜀 葵. (*Hibiscus manihot L. Malvaceæ* [?].)

236. *Okaki* (littéralement : grand *kaki*), 火 柿. Variété de *kaki.*

237. *Oki*, 樒. (*Machilus Thunbergii S et Z. Lauraceæ.*)

238. *Onara* (littéralement : grand *nara*), 大 楢. (*Quercus glanduligera Bl. Cupuliferæ.*)

239. *Onissen*. (*Acanthopanax ricinifolia* [?]. *Araliaceæ.*)

240. *Ono-oré* (littéralement : hache cassante. Allusion à la dureté de ce bois), 斧 折 樹. Synonyme de *Minébari.*

241. *Otané ninjin* (littéralement : *ninjin* dont la graine est fournie par le gouvernement) 御 種 人 参.Variété de *Ninjin.*

242. *Otètchikou*, 布 袋 竹. Variété de bambou.

243. *Othiba matsou* (littéralement : *matsou* à feuilles tombantes),
落 葉 松. Synonyme de *Karamatsou.*

244. *Otissa* pour *Il faussa nara* (littéralement : *nara* à feuilles

de petite vérole, parce que ses feuilles portent de petites galles), 柞 栩. (*Quercus* [?]. *Cupuliferæ.*)

245. *Oubamékachi* 綢 蒌 樫. (*Quercus phyllireoides A. Gray* [?].
Cupuliferæ.)

246. *Ouchikonoshi* (littéralement : tue les bœufs, parce que son
bois est résistant et qu'il sert de bàton), 牛 殺. (*Photinia villosa Thunb. Rosaceæ.*)

247. *Oucogni*, 五 加. (*Acanthopanax spinosum Miq. Araliaceæ.*)

248. *Ouri*, ウ リ ノ 木 (parce que son fruit a la forme allongée
du melon nommé *ouri*). (*Marlea platanifolia S et Z. Cornaceæ.*)

249. *Ourouchi*, 漆.'(*Rhus vernicifera D. C. Anacardiaceæ.*)Véritable
vernis du Japon.

250. *Outsougni*, 沒 踈 揚 盧. (*Deutzia scabra Thunb. Saxifrageæ.*)

251. *Ringo* ou *Ringno*, 林 檎. Pomme d'api.

252. *Saguinochirassachi* (littéralement : pique le derrière des
oiseaux nommés *sagni*) 鷺 尻 刺 ([?]. *Gramineæ.*)

253. *Saïkaki*. (*Cleyera japonica Thunb. Ternstrœmiaceæ.*)

254. *Saïkatchi*, 皂 樹. (*Gleditschia japonica Miq. Leguminosæ.*)
Févier.

255. *Sakoura*, 櫻. (*Prunus pseudocerasus Lindl. Rosaceæ.*)Cerisier.

256. *Sanchio*, 山 椒. (*Xanthoxylum piperitum D. C. Rutaceæ.*) Clavalier.

257. *Sanékadsoura*, 五 味 子. Synonyme de *Binan-Kadsoura.*

258. *Sankiraï* (littéralement : revenir de la montagne ; allusion
à une légende ancienne), 山 歸 來. (*Smilax japonica L.
Smilaceæ.*)

259. *Sarroussoubéri* (littéralement : singe glissant, parce que
l'écorce est très-lisse), 紫 薇. (*Lagerstrœmia indica Linn.
Lythrariaceæ.*)

260. *Sasanka*, 山 茶 花. (*Camellia sasanqua Thunb. Ternstrœmiaceæ.*) Camélia.

261. *Sawara*, 椹. (*Retinospora pisifera S et Z. Coniferæ.*)

262. *Segni*, 杉. (*Cryptomeria japonica Don. Coniferæ.*) Cèdre du
Japon.

263. *Sencotabou* (littéralement : *tabou* parfum), 線香樟. (*Cinna-momum* [?]. *Lauraceæ*.)

264. *Sendan*, 栴檀. (*Melia japonica* g. *Don. Meliaceæ*.)

265. *Shiro*, 棕櫚. (*Chamærops excelsa Thunb.*)

266. *Sii*, 椎. (*Quercus cuspidata Thunb. Cupuliferæ.*) Chêne à feuilles persistantes.

267. *Sirabé* ou *Sirabi* (littéralement : *hinoki* blanc) 白檜. (*Abies Weitchii Henck* et *Hochst. Coniferæ.*)

268. *Sirabiso*. Synonyme de *Sirabi*.

269. *Smomô*, 李. Prune de Monsieur.

270. *Soro*, ソロ. Désignation collective des divers *Carpinus*. (*Corylaceæ*.)

271. *Sotetzou* (littéralement : revenir avec le fer, parce qu'on ranime ces arbustes malades quand on les arrose avec une solution ferrugineuse), 蘇鉄. (*Cycas revoluta Thunb. Cycadaceæ*.)

272. *Sougné*, 菅 ([?]. *Juncaceæ*.)

273. *Tabou*, 樟. Nom collectif appliqué à la plupart des lauri-nées.

274. *Také*, 竹. Désignation collective des bambous.

275. *Tama*, タマ. (*Hibiscus manihot L. Malvaceæ.*)

276. *Tamago kéaki* ou *Tamamokou kéaki* (littéralement : *kéaki* à fibres circulaires), 槻玉苟. Variété de *Kéaki*.

277. *Tamakssou* (littéralement : *kssou* à fibres circulaires), 玉楠. (*Cinnamomum pedunculatum Nees. Lauraceæ.*)

278. *Tatchibana*, 橘又包橘. Orange douce.

279. *Tcha*, 茶. (*Thea sinensis Sims. Ternstræmiaceæ.*) Théier.

280. *Tchitchitoï* (littéralement : *I* ou jonc des sept îles), 七島苬. ([?] *Juncaceæ*.)

281. *Tiôzen ninjin* (littéralement : *ninjin* de Corée), 朝鮮人参. Variété de *ninjin*.

282. *Tiozensakouro* (littéralement : grenadier de Corée), 朝鮮柘榴. Variété de *Zakouro*.

283. *Tobira*, 扉木石檀. (*Pittosporum tobira Ait Rew. Pittosporeæ.*)

284. *Tochiochi*, 杜松子. (*Juniperus* [?]. *Coniferæ*.)

285. *Todomadsou,* 椚 槙 松. Synonyme de *Tohi.*
286. *Toga* ou *Togna.* Synonyme de *Tsouga.*
287. *Togamomi,* 栂 樅. (*Abies polita S et Z. Coniferæ.* [?].)
288. *Tohi,* 唐 檜. (*Abies alcoquiana Parlat. Coniferæ.*)
289. *Tonérico,* 桼 子. (*Fraxinus longicuspis S et Z. Oleaceæ.*)
        Frêne.
290. *Toro,* ト ロ. (*Hibiscus manihot L. Malvaceæ.*)
291. *Torokoukaki.* Variété de *Kaki.*
292. *Totzi,* 杼 七 葉 樹. (*Æsculus turbinata Bl. Sapindaceæ.*) Mar-
        ronnier d'Inde.
293. *Tsikibi,* 木 蜜. (*Illicium anisatum Linn. Magnoliaceæ.*) Ba-
        diane produisant l'anis étoilé.
294. *Tsoubaki,* 海 石 榴 俗 二 椿. (*Camellia japonica Linn. Tern-
        stræmiaceæ.*) Camélia.
295. *Tsouga,* 栂. *Abies tsouga S et Z. Coniferæ.*)
296. *Tsougné,* 黄 楊 又 柘 植. (*Buxus japonica J. Mull. Buxaceæ.*)
        Buis.
297. *Tsouta,* 烏 歛. (*Vitis inconstans Miq.* [?]. *Ampelideæ.* Plus sou-
        vent : *Actinidia volub:lis Planchon* [?]. *Ternstræmiaceæ.*)
298. *Warabi,* 蕨 菜. Fougère.
299. *Wassenkaki* (littéralement : *kaki* précoce), 早 稻 柿. Variété
        de *Kaki.*
300. *Yaboukssou* (littéralement : camphrier broussailles), 藪 楠.
        (*Litsea glauca S. Lauraceæ.*)
301. *Yachia,* 檀. Synonyme de *Yachiabouki.*
302. *Yachiabouki,* 檀 子. (*Alnus firma* [?]. *Betulaceæ.*)
303. *Yakoudjiko* (littéralement : les cent jours rouges; allusion
        à la durée des fleurs rouges), 百 日 紅. Synonyme de
        Sarroussoubéri.
304. *Yamahazé* (littéralement : *hazé* de la montagne), 山 黄 櫨.
        (*Rhus silvestris S et Z. Anacardiaceæ.*)
305. *Yamakaki* (littéralement : *kaki* de la montagne), 山 柿.
        Variété de *Kaki.*
306. *Yamakiri* (littéralement : *kiri* de la montagne), 山 桐.
        (*Elæococca verrucosa S et Z. Euphorbiaceæ.*)

307. *Yamakouwa* (littéralement : mûrier de la montagne), 山桑.
Variété de *Kouwa*.

308. *Yamamomo*, 楊梅. (*Myrica rubra S et Z. Myricaceæ.*)

309. *Yamanarashi* (littéralement : bruit de la montagne, parce
que ses feuilles ressemblent à celles du tremble). 山梨.
(*Populus Sieboldii Miq. Salicineæ.*)

310. *Yananakachi* pour *Yanagnibakachi* (littéralement : *kachi* à
feuilles de saule), 柳葉樫. (*Quercus paucidentata Franch.
et Sav. Cupuliferæ.*)

311. *Yanagni*, 柳. (*Salix japonica Thunb. Salicineæ.*)

312. *Yatakè* (littéralement : bambou-flèche, parce qu'on en faisait les flèches), 矢竹. Variété de bambou.

313. *Yenzou*, 槐. (*Sophora japonica L. Mant. Leguminosæ.*)

314. *Yezomatsou* (littéralement : *matsou* d'Yéso) 蝦夷松. Synonyme de *Karamatsou*.

315. *Yochi*, 蓋 ([?]. *Gramineæ.*)

316. *Yousou*, 瓢樹. Synonyme de *Issou*.

317. *Youzou*. Citronnier.

318. *Zakouro*, 柘榴. (*Punica granatum L. Granateæ.*) Grenadier.

319. *Zoubaïsmomo*, 水揚梅. Pêcher-brugnon.

TABLE DES MATIÈRES

—

NOTA. — Les trois figures de la page 91 complètent celles de la page 107.

Nancy. — Imprimerie Berger-Levrault et Cⁱᵉ.

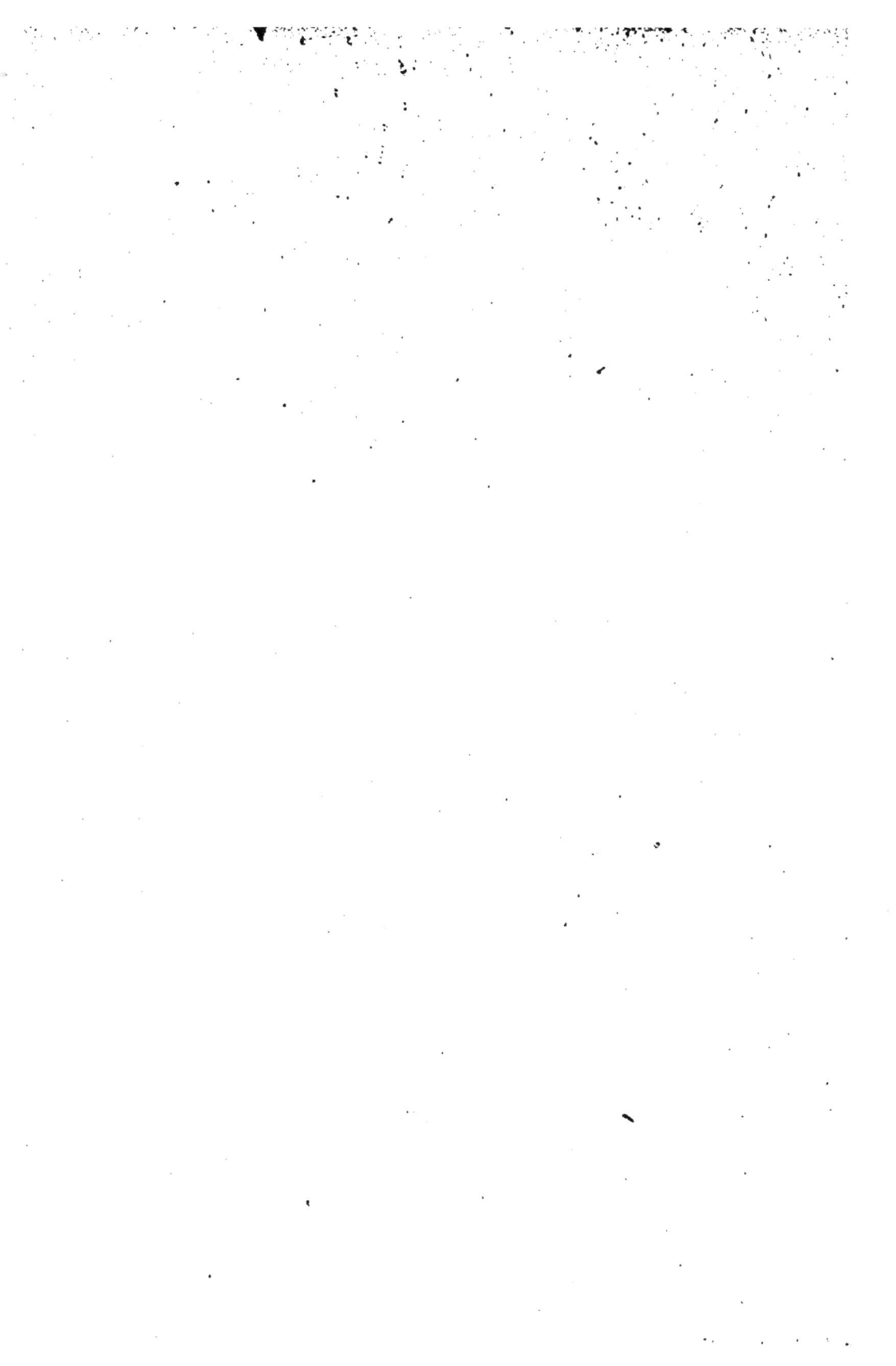

BERGER-LEVRAULT ET Cie, LIBRAIRES-ÉDITEURS

MATHIEU, conservateur des forêts, professeur d'histoire naturelle à l'École forestière, sous-directeur de cette École. *Flore forestière. Description et histoire des végétaux ligneux* qui croissent spontanément en France et des essences importantes de l'Algérie ; 3e édition entièrement revue et considérablement augmentée, 1877 ; un fort volume in-8°, broché . . . . 12 fr.

BROILLIARD, professeur à l'École forestière. *Cours d'aménagement des forêts*, 1878 ; un volume in-12, broché. . . . . 10 fr.

BAGNERIS (G.), inspecteur des forêts, professeur à l'École forestière de Nancy. *Manuel de sylviculture*, 2e édition, 1878 ; in-12, broché . . . . 3 fr. 50 c.

LEINURE. *Notice sur l'Eucalyptus globulus.* (Extrait de la *Revue maritime*), 1875 ; in-8°, broché . . . . 1 fr. 50 c.

ROUSSET (Antonin), sous-inspecteur des forêts. *Dictionnaire général des forêts*, recueil complet comprenant le résumé et l'analyse des lois, règlements, ordonnances, arrêts, circulaires, etc., en vigueur, concernant les forêts appartenant à l'État, aux communes, aux établissements publics et aux particuliers, 2e tirage, 1875 ; un vol. grand in-8° à deux colonnes, broché. . . . . 24 fr.

BARRÉ (H.) et ROUSSEL (L.), professeurs à l'École forestière de Nancy. *Formules et tables numériques* destinées à faciliter et à abréger les calculs concernant la topographie, les routes et les constructions ; un volume grand in-8°, broché . . 8 fr.

GERSCHEL (J.), agrégé de l'Université, professeur à l'École forestière. *Vocabulaire forestier allemand-français*, 1876 ; in-12, broché . . . . 75 c.

VAULOT (Georges), garde général des forêts. *Nouvelle méthode d'exploitation des futaies*, ou exposé succinct d'un nouveau traitement à tire et haire, destiné à remplacer la méthode dite allemande, 1876 ; in-8°, avec planche, broché. . . . . 1 fr.

— *Tarifs homogènes* pour le cubage des bois sur pied en grume et au 1/5 déduit, construits d'après un nouveau système de décroissances combinées, avec table pour le cubage des bois abattus, etc., 2e édition, 1877 ; in-8°, broché . . . . 1 fr. 30 c.

GRANDEAU (L.), directeur de la station agronomique de l'Est, professeur à l'École nationale forestière, doyen de la Faculté des sciences de Nancy. *Chimie et physiologie appliquées à l'agriculture et à la sylviculture.* I. La nutrition de la plante. L'atmosphère et la plante (cours d'agriculture de l'École forestière), 1879 ; un beau volume grand in-8 de 610 pages, avec 30 figures et une planche, relié en percaline anglaise . . . . 12 fr.

— *Traité d'analyse des matières agricoles.* Sols, eaux, amendements, engrais. Principes immédiats des végétaux. Fourrages, boissons, fumier, laine. Produits de la laiterie, 1877 ; un volume in-12, avec 46 figures dans le texte et 51 tableaux pour le calcul des analyses, broché. . . . . 9 fr.

Nancy, Berger-Levrault et Cie.

www.ingramcontent.com/pod-product-compliance
Lightning Source LLC
Chambersburg PA
CBHW072356200326
41519CB00015B/3777